国之重器出版工程

国防现代化建设

飞行器制导、导航与建模
复合系统中的信息处理算法

Information Processing Algorithm in Aircraft Guidance, Navigation and Modeling Complex System

何勇 陈丹鹤 陈雄 著

北京理工大学出版社
BEIJING INSTITUTE OF TECHNOLOGY PRESS

内 容 简 介

本书研究了导航系统、自主导航系统及其误差，以及用于提高其精度的制导和导航系统算法；介绍了经典卡尔曼滤波算法和联合卡尔曼滤波算法，包括用于构建所研究系统模型的算法，特别是自组织算法和神经网络算法；提出了一种基于研究对象的、具有现代概念的动态系统模型复合法，对所考虑的算法的实际应用给予了重点分析，提出了使用它们控制导弹的最优方法，例如当飞行器在移动航空母舰上起降时，修正其导航系统，提高飞行器模拟器舱和飞行器导航体系模拟器的准确性。

本书适合从事各种飞行器和其他动态物体的信息处理及控制理论和应用问题研究的科学工作者和工程师阅读。

图书在版编目（CIP）数据

飞行器制导、导航与建模复合系统中的信息处理算法/何勇，陈丹鹤，陈雄著. -- 北京：北京理工大学出版社，2021.11

ISBN 978 - 7 - 5763 - 0693 - 4

Ⅰ. ①飞… Ⅱ. ①何… ②陈… ③陈… Ⅲ. ①飞行器–制导系统–信息处理②飞行器–导航系统–信息处理

Ⅳ. ①V47

中国版本图书馆 CIP 数据核字（2021）第 237119 号

出　　版 / 北京理工大学出版社有限责任公司
社　　址 / 北京市海淀区中关村南大街 5 号
邮　　编 / 100081
电　　话 / （010）68914775 （总编室）
　　　　　（010）82562903 （教材售后服务热线）
　　　　　（010）68944723 （其他图书服务热线）
网　　址 / http：//www.bitpress.com.cn
经　　销 / 全国各地新华书店
印　　刷 / 固安县铭成印刷有限公司
开　　本 / 710 毫米 × 1000 毫米　1/16
印　　张 / 10
字　　数 / 168 千字
版　　次 / 2021 年 11 月第 1 版　2021 年 11 月第 1 次印刷
定　　价 / 68.00 元

责任编辑 / 钟　博
文案编辑 / 钟　博
责任校对 / 周瑞红
责任印制 / 李志强

专家委员会委员（按姓氏笔画排列）：

于　全	中国工程院院士
王　越	中国科学院院士、中国工程院院士
王小谟	中国工程院院士
王少萍	"长江学者奖励计划"特聘教授
王建民	清华大学软件学院院长
王哲荣	中国工程院院士
尤肖虎	"长江学者奖励计划"特聘教授
邓玉林	国际宇航科学院院士
邓宗全	中国工程院院士
甘晓华	中国工程院院士
叶培建	人民科学家、中国科学院院士
朱英富	中国工程院院士
朵英贤	中国工程院院士
邬贺铨	中国工程院院士
刘大响	中国工程院院士
刘辛军	"长江学者奖励计划"特聘教授
刘怡昕	中国工程院院士
刘韵洁	中国工程院院士
孙逢春	中国工程院院士
苏东林	中国工程院院士
苏彦庆	"长江学者奖励计划"特聘教授
苏哲子	中国工程院院士
李寿平	国际宇航科学院院士

李伯虎	中国工程院院士
李应红	中国科学院院士
李春明	中国兵器工业集团首席专家
李莹辉	国际宇航科学院院士
李得天	国际宇航科学院院士
李新亚	国家制造强国建设战略咨询委员会委员、中国机械工业联合会副会长
杨绍卿	中国工程院院士
杨德森	中国工程院院士
吴伟仁	中国工程院院士
宋爱国	国家杰出青年科学基金获得者
张　彦	电气电子工程师学会会士、英国工程技术学会会士
张宏科	北京交通大学下一代互联网互联设备国家工程实验室主任
陆　军	中国工程院院士
陆建勋	中国工程院院士
陆燕荪	国家制造强国建设战略咨询委员会委员、原机械工业部副部长
陈　谋	国家杰出青年科学基金获得者
陈一坚	中国工程院院士
陈懋章	中国工程院院士
金东寒	中国工程院院士
周立伟	中国工程院院士

郑纬民	中国工程院院士
郑建华	中国科学院院士
屈贤明	国家制造强国建设战略咨询委员会委员、工业和信息化部智能制造专家咨询委员会副主任
项昌乐	中国工程院院士
赵沁平	中国工程院院士
郝　跃	中国科学院院士
柳百成	中国工程院院士
段海滨	"长江学者奖励计划"特聘教授
侯增广	国家杰出青年科学基金获得者
闻雪友	中国工程院院士
姜会林	中国工程院院士
徐德民	中国工程院院士
唐长红	中国工程院院士
黄　维	中国科学院院士
黄卫东	"长江学者奖励计划"特聘教授
黄先祥	中国工程院院士
康　锐	"长江学者奖励计划"特聘教授
董景辰	工业和信息化部智能制造专家咨询委员会委员
焦宗夏	"长江学者奖励计划"特聘教授
谭春林	航天系统开发总师

本书编委

谢列兹涅娃·玛丽亚，聂乌斯宾·康斯坦金

前　言

　　在现代条件下，飞行器的任务量不断增加，因此对飞行器系统的速度、可靠性、准确性等要求逐渐提高。飞行器系统所需的质量特性可以通过设计和算法两种方式实现。设计方式一般以新的技术为基础，需要的时间较长，花费较大，而算法方式允许在最短的时间内以最低的成本达到期望的结果，从这个方面来看，现代控制系统、飞行器导航和制导依赖大量的算法支持。当然，应用这些算法并不限制实施新的设计解决方案。

　　复杂技术系统控制问题的成功解决在很大程度上取决于测量设备的发展水平。例如飞行器的操作特性在较大程度上取决于车载设备的完善，特别是控制信息和测量信号的质量。位置、方向、速度和其他参数信息测量的信号源是诸如制导系统、各种导航系统和其综合系统。由于飞行器自身的设计特征和条件，这些系统的测量信号具有误差。为了提高测量信息的准确性，可以以算法方式研究误差的原因及进行随后的补偿。

　　本书提出了飞行器瞄准目标的方法，研究了最常见的制导系统误差以及补偿某些误差的方法，以减少击中目标时的脱靶量。本书介绍了飞行器的各种导航系统与综合系统，包括它们的误差特性，以及使用多种估计和预测算法来提高精度的方法；介绍了用于校正制导和导航系统以及飞行器控制系统的最常用的算法；讨论了经典卡尔曼滤波算法、导致其发散的原因和防止估计过程发散的方法，例如在航空母舰基地的飞机导航系统中，选择使用联合卡尔曼滤波法和改进型卡尔曼滤波算法。

　　在构建的预测模型中可以使用线性趋势和自组织方法来实现预测。通过使用模型的动态系统综合这种原始方法，在飞行器上实施算法支持时能够降低计算成本。

　　用于估计、控制和预测的算法包括所研究对象的各种数学模型，它们具有不同的属性。在有些情况下，模型状态矢量的某些组件不易控制和观察，因此不建议使用这些组件。

　　当飞行器执行复杂的机动动作时，例如，降落在移动的航空母舰上，根据几个参数进行控制，但其中一些参数是起主导作用的。建议在使用的模型状态矢量中仅选取主要参数，然后根据动态系统综合的概念，飞行器飞行期间，在机上对这些参数进行定义。

　　本书所提出的算法和概念方法的实际应用不限于自主导航系统和飞行器导航，还可以用于各种动态对象的控制系统的信息处理和合成。例如，将用于构建模型的算法应用于模拟飞行器模拟器舱系统，以形成航空电子系统误差模型的单独模块。航空电子系统误差模型是针对飞行器的典型飞行模式建立的，使用真实系统的半实物模拟的数据处理。在本书给出的示例中，展示了具有串行导航系统 AIST－360 和 Comp Nav－2 的三阶段建模站。

　　本书包括 5 章内容，第 1 章介绍飞行器制导系统，第 2 章介绍惯性和雷达导航系统，第 3、4 章介绍一般估算算法和其他估算算法，第 5 章介绍模型构建和估算算法的实际应用。本书的第 1 章～第 4 章由南京理工大学机械工程学院的何勇教授、陈丹鹤副教授、陈雄教授共同撰写，第 5 章的内容基于南京理工大学与莫斯科鲍曼国立技术大学的中俄国际联合实验室的主要研究成果。在本书的撰写和整理过程中，也得到了莫斯科鲍曼国立技术大学自动控制系统教研室的聂乌斯宾·康斯坦金、谢列兹涅娃·玛丽亚教授的大力协助，两位都是俄罗斯惯性导航领域的著名专家，在 2016 年，以聂乌斯宾·康斯坦金为首的鲍曼国立技术大学专家团队与南京理工大学团队建立中俄国际联合实验室，创建了 "Avionika" 地面飞行器模拟中心、"智能系统" 科学创新试验中心，在飞行器导航综合系统与估算、校正算法方面取得了一系列研究成果。再次感谢各位作者做出的努力和贡献！

目　录

第 1 章

飞行器制导系统

|1.1　制导方法和系统分类|

无人驾驶飞行器（无人机，以下统称"飞行器"）根据目的类型和其任务可以使用各种系统进行控制。飞行器控制系统基于各种控制方法，最受欢迎的是自主控制系统，它应用了自主控制、远程控制、自主制导以及组合制导。

飞行器的自主控制意味着飞行器与控制对象之间缺乏信息通信，即控制信号由车载自动控制系统（自动驾驶仪）和自动程序装置[1,2]组成的制导系统产生。

自主控制系统的自动驾驶仪基于来自各种测量系统的信息运行。经常使用的飞行器测量系统是角度传感器、高度传感器、相对于地面的侧向偏差传感器、距离传感器、惯性导航系统和其他系统。

自主控制系统的结构如图 1 - 1 所示，在使用距离传感器的情况下，侧向偏差传感器确定导弹相对于给定轨迹的偏离，通过高度传感器监测指定高度，并使用软件设备来实现。飞行器在飞行过程中，同时运行存储在自动驾驶仪存储器中的程序[3,4]。

具有自主控制功能的某些类型飞行器的飞行弹道可分为两部分——主动部分和被动部分。飞行器主动部分的飞行是在推力发动机的作用下进行的，关闭发动机后的第二部分飞行称为被动部分。

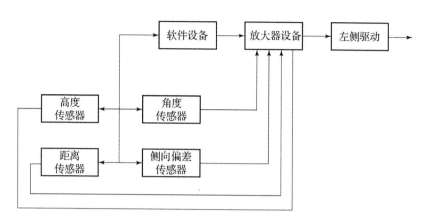

图 1 - 1　自主控制系统的结构

控制飞行器的任务为，当发动机关闭时，其头部通过相应的速度矢量到达空间中的某一点，从而可以沿着自由飞行轨迹[5,6]到达目标。

用于这种飞行器控制系统的最常见的传感器是测量当前坐标值的惯性导航系统，其将坐标值与存储在机载计算设备的存储器中的程序值进行比较，在识别出与给定轨迹的偏差之后，产生控制信号，然后送达无人机的控制舵。

基于惯性导航系统的飞行器控制系统可以提供对被动干扰和主动干扰的保护。由于对象的坐标或轨迹程序是已知的，因此计算出的飞行器坐标允许生成制导信号。

自主控制通常用于飞行器攻击固定的大型物体目标。同时，它被广泛用来与其他控制类型结合。

命令控制系统借助命令实现控制，即假设控制信息从外部源发送到飞行器，该系统需要监控飞行器的飞行，并且在目标移动的情况下进行监视。当执行控制的对象移动时，有必要在生成控制命令时考虑其坐标的变化。

命令控制系统可以以不同的方式实现。命令控制系统可以分为两组[6,7]：使用伴随的雷达信号获得关于物体和飞行器的移动信息的系统，以及使用光学测量仪器的具有光学跟踪功能的系统。

命令控制系统的功能是观测、跟踪、计算误差、传输误差，以及接收误差并将其转换成轨迹校正信号。命令控制系统的结构如图 1 - 2 所示。

在地对空级飞行器控制系统中，通常使用以跟踪模式操作的普通雷达，其为命令生成设备提供信息，包括飞行器的射程、角速度及其时间导数。对于地球表面上的目标，因为它们的移动速度很小，可以使用比较简单的瞄准装置。

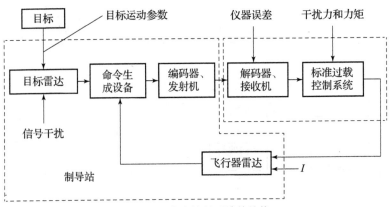

图 1 - 2　命令控制系统的结构

　　命令生成设备用来形成控制命令，使用控制命令理想地驱使飞行器直接命中目标。大多数命令控制系统中命令生成设备的典型要求是跟踪飞行器和确定飞行器 – 目标视线的角速度，如果飞行器 – 目标视线的角速度为零，则通过并行逼近的方法来确定。在这种情况下，控制命令使飞行器 – 目标视线的旋转最小化。

　　飞行器控制信号通常使用特殊的无线电链路传输。对无线电链路应提出带宽、信道数量、载波频率、功率以及保真度、抗噪声等方面的要求。

　　例如，光束制导系统承担空间中定向光束的控制任务，使飞行器始终位于光束的轴上，光束制导系统可以使用移动的或固定的雷达天线和光束。飞行器配备有确定其偏离波束轴大小和方向的设备，并且配备有与飞行器控制元件相关的相应仪器，确保其在光束轴上的稳定性[8-10]。飞行器的光束引导系统必须满足两个基本要求：在方位角和仰角上连续伴随目标，无论相对目标的运动和雷达天线如何，光束必须包含飞行器的位置信息，使飞行器在光束轴上稳定。

　　当沿着光束瞄准制导时，可以使用三点法，以及各种其他主动瞄准方法。三点法意味着控制中心、飞行器和制导过程中的目标位于一条直线。单光束制导假设自动跟踪雷达天线，而飞行器在其轴上。发射后的飞行器进入光束并沿着它移动，一直保持在等信号线上，当偏离等信号线时，产生有关飞行器偏差大小和方向的信号，并且基于这些信号，在方向舵上产生控制动作，以确保飞行器返回等信号线。

　　当在进行前置制导（双光束引导）时，飞行器应该在任何时间都不位于视线上，而是位于指向与目标的前置会合点的视线上，并形成一定的前置角度。

对于单光束制导，光束可以在空间中以较高的角速度移动，这导致飞行器的轨迹具有显著的曲率。为了实现这样的轨迹，飞行器必须具有高度的可控性。用于双光束制导的飞行器没有这个缺点，但这种方法有其他明显的不足[10,11]：

（1）控制站内控制系统仪器的复杂性较高；

（2）附加的制导误差、计算器和飞行器跟踪系统的误差导致制导精度降低。

自主制导方法根据目标相对于飞行器运动的位置和性质在飞行器上形成控制指令。自主制导方法是通过位于飞行器上的导引头（HAG）来实现的，而基于飞行器形成的轨迹可以使用各种制导方法：追踪法、比例导引法和平行导引法[11]。

自主制导（直接自主制导）最简单的方法之一，是由飞行器的纵轴和与目标方向之间的角度确定命令信号的值。引导系统基于目标的自动跟踪原理，飞行器配备有扫描模式的接收天线，由该天线产生的等信号区域的方向与飞行器的纵轴方向一致。施加在飞行器机体上的命令信号使不匹配角度趋于零，并且实现直接引导。

在任何自主控制系统中使用的主要信息是关于飞行器和目标的相互位置信息，对于每种自主制导方法，有必要确定相对于任何坐标系的视线期望位置。根据不同系统的选择，一般可分为 3 种自主制导方法。

第一种自主制导方法假设当飞行器靠近目标时，视线位于相对于飞行器纵轴的某个位置。例如，视线与飞行器纵轴之间的方位角为零，方位角可以等于恒定值或根据某些规律变化。

第二种自主制导方法需要在飞行器接近目标的过程中，使视线位于相对于飞行器速度矢量的特定位置。最简单的例子是追踪法，它假设前置角为零，飞行器的速度矢量始终指向目标，如果前置角为恒定值（不等于零），则实施前置追赶方法。在一般情况下，前置角可以根据某个定律或一些其他运动学参数变化，和比例导引法类似。

第三种自主制导方法是指在控制飞行器的运动时，确保视线位于相对于空间中的某个固定方向的特定位置，要求视线的倾斜角度根据某些规律改变。如果瞄准线的倾斜角为零，则可以使用平行导引法实现制导。

所以，在自主控制系统中通过位于飞行器上的设备将飞行器导引至瞄准目标，如图 1 - 3 所示。在这个过程中，自主制导过程可以通过 3 种方式实现——主动、半主动和被动自主制导，这些方式也可以组合搭配使用。

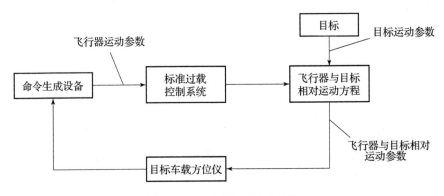

图 1 - 3　自主控制系统的功能

具有主动自主制导作用的系统需要在飞行器上放置发射机和接收机，发射机照射目标，接收机接收来自目标反射的信号。由于飞行器不需要外部电源或额外的控制信息，因此能够自主运行。

当使用半主动自主制导方法时，安装在飞行器外部的能量源照射目标，来自目标的反射信号被发送到安装在飞行器上的接收机中。具有半主动自主制导作用的系统包括安装在飞行器上的接收机和计算器，照射目标的发射机安装在地球表面上的飞行器之外，在另一架飞行器或其他快速移动的物体上。

具有被动自主制导作用的系统使用目标本身发出的信号，安装在飞行器上的接收机不需要额外的能量源。用于被动自主制导的能量可以是热、光、声和无线电波的形式。

在实践中，要解决任何一个实际战术问题或任务，有必要组合使用几种制导方式。目前阶段，已知的几种制导方式及其组合已被广泛使用，联合制导方式是指在不同的飞行区间使用不同的飞行器控制方法，从而显著地扩展飞行器控制系统的应用范围并提高其完成任务的效率。

现代制导系统以各种算法为基础，其中包括用于控制、评估、识别和预测的算法。将飞行器自主导引至目标的过程分解为多个任务，例如，进行与飞行器自身和目标的运动有关信息的初级处理、进行制导误差信息的二次处理、生成控制信号和测量飞行器控制装置的偏差。从最优控制过程理论的观点来看，可将制导过程看作在飞行器逼近目标的过程中，为了减少脱靶量所给出的飞行器控制力模型。

图 1 - 4 所示为飞行器对目标进行自主制导的系统功能[16]。导引头对目标和飞行器相对坐标进行测量，来自导引头的输出信号被反馈到滤波器，之后被

送到控制命令生成设备，命令 λ 进入转向驱动设备，转向驱动设备使飞行器的控制表面进行偏转，确保其靠近目标。

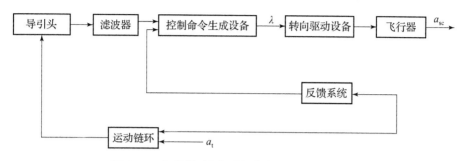

图 1-4　飞行器对目标进行自主制导的系统功能

这里，运动链环建立了飞行器 a_{sc} 和目标 a_t 的正常过载之间的关系，这些关系值不能由导引头直接测量，所以运动链环的输出是导引头测量的相对坐标。运动链环显示的数学模型，以及运动学参数与导引头测量的角度之间的关系如图 1-5 所示。

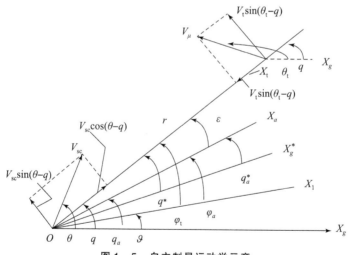

图 1-5　自主制导运动学示意

表征范围矢量的方向和幅度变化的运动学方程见式（1.1.1）：

$$\dot{r} = V_t\cos(\theta_t - q) - V_{sc}\cos(\theta - q)$$
$$r\dot{q} = V_t\sin(\theta_t - q) - V_{sc}\sin(\theta - q)$$

（1.1.1）

式中，r 是射程向量的模；$\dot{r}$ 是飞行器逼近速度。

对式（1.1.1）进行微分可以得到：

$$
\begin{aligned}
\ddot{r} - r\dot{q} &= [\dot{V}_t\cos(\theta_t - q) - V_t\dot{\theta}_t\sin(\theta_t - q)] - \\
&\quad [\dot{V}_{sc}\cos(\theta - q) - V_{sc}\dot{\theta}\sin(\theta - q)] \\
&= g(a_t - a_{sc})_r, \\
r\ddot{q} + 2\dot{r}\dot{q} &= [\dot{V}_t\sin(\theta_t - q) - V_t\dot{\theta}_t\cos(\theta_t - q)] - \\
&\quad [\dot{V}_{sc}\sin(\theta - q) - V_{sc}\dot{\theta}\cos(\theta - q)] \\
&= g(a_t - a_{sc})_q,
\end{aligned}
\tag{1.1.2}
$$

式中，$(a_t - a_{sc})_q$ 表示在垂直于视线上的相对过载的矢量投影；$(a_t - a_{sc})_r$ 为瞄准线上的相对过载矢量投影。

导引头通过使用测向仪测量目标视线 OX_t 与天线轴 OX_a 之间的角度偏差：

$$
\varepsilon = q - q_a
\tag{1.1.3}
$$

这里的 ε 为信号偏差。

目标的跟踪通过在减少偏差方向上的转动天线轴来执行。根据导引头跟踪驱动器的具体类型，可以通过多种方式进行旋转[8,11]。对天线进行控制，使天线的绝对角速度与所测量的角度偏差 ε 成比例：

$$
\dot{q}_a = K_G\varepsilon
\tag{1.1.4}
$$

为了获得关于目标的角度位置的信息，需要输入关于天线轴 OX_a 相对于参考轴 OX_g 角位置的信息。这样，目标的位置可以根据天线轴 OX_a 相对于参考轴 OX_g^* 的估计位置来确定：

$$
q^* = \varepsilon + q_a^*
$$

式中，q^* 表示重现的视线测量角度。

通过直接积分驱动控制信号 $K_G\varepsilon$ 可以获得相对于初始方向的天线角度的估计值[8]：

$$
q_a^*(t) = q_a^*(t_0) + \int_{t_0}^{t} K_G\varepsilon(\tau)\,\mathrm{d}\tau
\tag{1.1.5}
$$

参考轴 OX_g^* 的初始位置是任意选择的，这里建议 $q_a^*(t_0)$ 取值为零，那么可以得到：

$$
q^* = \varepsilon + q_a^* = \varepsilon + \int_{t_0}^{t} K_G\varepsilon(\tau)\,\mathrm{d}\tau
\tag{1.1.6}
$$

使用雷达导引头时，也可以测量接近目标的相对速度 $\dot{r}$，因此可以获得关于视线的角位置 q 和飞行器逼近速度 $\dot{r}$ 的信息。

|1.2 脱靶量的概念|

在定义飞行器对目标的制导毁伤有效性时，主要用到的参数是飞行器击中目标时的脱靶量。为了分析这个参数，首先研究脱靶量的解析表达式。

脱靶量在自主制导过程中的具体体现是在飞行器 – 目标相对运动中达到的最小距离 $r_{\min}$。r 在自主制导过程中的变化取决于运动学方程，并且在某个时刻 $t = t_k$ 取最小值。由于可以将脱靶量视为运动学参数在有限时间内的函数，因此相应的控制系统可以看成其最终状态的控制系统。

预测的脱靶量矢量通常是指当前的脱靶量。脱靶量矢量是目标和飞行器坐标的最终状态的预测函数，飞行器控制与这些预测相关。

这里考虑飞行器和目标在一个平面上移动的情况，如图 1 – 6 所示。

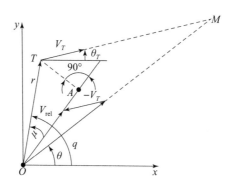

图 1 – 6 瞬时脱靶量的定义

图 1 – 6 显示了在时间 t 飞行器移动到与目标会合点（点 M）的过程，飞行器位于点 O 处，其与固定坐标系 Ox_0y_0 在开始时重合。目标（点 T）的运动发生在朝向会合点 M 的方向上。在一般情况下表征飞行器（$V, \dot{V}, \theta, \dot{\theta}$）和目标（$V_T, \dot{V}_T, \theta_T, \dot{\theta}_T$）的运动参数可以取任意值。

这里引入"瞬时脱靶量"的概念。瞬时脱靶量是指，如果从给定时间 t 开始，飞行器的飞行轨迹和与目标会合之前剩余部分的轨迹段相等且都为直线时[8,11,33]相对应的脱靶量值。如果考虑飞行器和目标的相对运动，相对速度矢量为

$$V_R = V - V_T$$

飞行器的运动由矢量 $\boldsymbol{V}_R$ 确定，可见在 A 点的脱靶量 h 是最小的。由于从时间 t 开始，有 $\dot{V}, \dot{\theta}, \dot{V}_T, \dot{\theta}_T = 0$，而已知 V, θ, V_T, θ_T 为常量，飞行器相对于目标的轨迹为直线（直线 OA），因此，脱靶量将由具有最小长度的区段 TA 确定。

$$h = r\sin\mu \tag{1.2.1}$$

如果通过 $\dot{q}$ 获得角度 μ 的表达式，则有：

$$\sin\mu = \frac{r\dot{q}}{V_{\text{rel}}}, \quad h = \frac{r^2\dot{q}}{V_{\text{rel}}} \tag{1.2.2}$$

飞行器接近目标的相对速度可表示为以下形式：

$$V_R = \sqrt{V_2 + V_T^2 - 2VV_T\cos(\theta - \theta_T)} \tag{1.2.3}$$

由于角度 μ 较小，可以通过下面的公式计算瞬时脱靶量[11,19]：

$$h = -\frac{r^2\dot{q}}{\dot{r}} = \frac{r^2}{|\dot{r}|}\dot{q} \tag{1.2.4}$$

应当注意的是，随着飞行器与目标之间距离的减小，角度 μ 增加并且式（1.2.4）不再适用。

由式（1.2.4）确定的飞行器与目标的会合点处的脱靶量值表示：脱靶量值 h 是与瞄准线的角速度成正比的量；飞行器脱靶量的精度取决于确定参数和的精度。通常，飞行器的测量系统是测量这些参数所必需的，在最常见的使用雷达的制导系统中，可以确定飞行器到目标的距离和飞行器逼近速度。制导系统的有效性在很大程度上取决于内部噪声以及有源和无源干扰对这些参数值测量准确性的影响。

在实际应用中，没有强行限制飞行器移动轨迹和目标到达会合点剩余部分轨迹的条件。考虑飞行器和目标运动最常见的情况，其涉及不同的机动运动和变速运动，在这种情况下，利用式（1.2.2）和式（1.2.4）进行计算，可以得知：实际滑差值与瞬时脱靶量值不相等，控制结束后与目标的距离越远，差异值越大，目标的机动性越强。

若假设从控制器关闭的时刻开始，飞行器和目标均带有正常的轴向和法向过载，在这种情况下，能够获得更准确的脱靶量近似估计值，在这些假设条件下计算出的飞行器脱靶量值通常被称为实际脱靶量。

参考文献[5，16]介绍了对飞行器和目标实施机动限制的理论基础，并已经证明，在控制系统关闭后的路程对应于自动瞄准头"致盲"范围的情况下，对飞行器的机动稳定性和对目标在与飞行器会合之前剩余轨迹上的稳定性的假设是合理的，并且不会导致严重的错误。

在已有的限制条件下，飞行器与目标相遇会合的距离和轨迹的曲率值不是很大，飞行器的剩余飞行时间 Δt 的定义如下：

$$\Delta t = -\frac{r}{\dot{r}}$$

式（1.2.4）还可以用式（1.2.5）写出：

$$h = -\Delta t^2 \dot{r}\dot{q} \qquad (1.2.5)$$

现在确定瞬时脱靶量的变化率。假设在会合之前剩余的轨迹段中接近目标的飞行器速度是恒定值，那么通过对式（1.2.5）进行微分，可以得到：

$$\dot{h} = \frac{r}{|\dot{r}|}(r\ddot{q} + 2\dot{r}\dot{q}) \qquad (1.2.6)$$

如果考虑到飞行器的可变速度，以及会合前剩余轨迹段中与目标的持续机动，计算脱靶量的表达式具有以下形式[19,33]：

$$h_{\varphi} = -\frac{r_2}{\dot{r}}\left[\dot{q} - \frac{1}{2\dot{r}}(-gn_{\phi} + gn_{\phi}^*\cos q + \dot{V}_T\sin q_T + g\cos q)\right] \qquad (1.2.7)$$

式（1.2.7）可用于计算飞行器相对于目标的实际脱靶量值。

|1.3　目标毁伤的误差预测|

如果无法从空间的起点识别目标，那么可以通过研究目标在被击中时预测误差问题来解决，这项任务分为两个阶段。

在第一阶段，预测飞行器在到达给定点（撤离点）的误差，从而识别目标。在通常情况下，撤离点的坐标是已知的，之后再定义从空间中的这个点击中目标时对应的误差值。在这个过程中，飞行器从起点到撤离点运动中的位置误差将通过计算机载惯性导航系统的误差来确定。

在实际应用中，当存在外部信息源时，经常使用惯性导航系统，其通过固有频率的振荡变化来衰减信号。影响惯性导航系统误差的扰动因素有：陀螺仪漂移、零偏移和加速度计漂移、积分器误差、方位陀螺仪平台校准的不准确性、外部信息源的错误等。

陀螺仪漂移和方位陀螺仪平台的初始偏差是在干扰因素的影响范围内确定的[15,16]，满足式（1.3.1）：

$$\Delta x(t) = \frac{gE_y^*}{(k_2+1)\nu^2}\left[\frac{(k_2+1)\nu^2 t - k_1}{(k_2+1)\nu^2}\right] + \frac{gk_2 V_\xi E_z^*}{2R(k_2+1)^4\nu^6}\times$$

$$\left[((k_2+1))^2\nu^4 t^2 - 2(k_2+1)\nu^2 - 2k_1(k_2+1)\nu^2 t - 2k_1^2\right] -$$

$$\frac{(\dot{V}_\xi + k_1 V_\eta)\Phi_z(0)}{(k_2+1)\nu^2} + \frac{gk_2 V_\xi \Phi_z(0)}{R(k_2+1)^2\nu^4}\left[((k_2+1)\nu^2 t - k_1)\right]$$

$$(1.3.1)$$

在式（1.3.1）中，E_y^*，E_z^* 为陀螺仪漂移，并假设它们是恒定的；$\Phi_z(0)$ 为方位陀螺仪平台的偏差；k_1，k_2 为阻尼系数；ν 为舒勒频率；g 为重力加速度；R 为地球半径。

由于陀螺仪漂移的方向未知，因此有必要使用惯性导航系统的误差偏差来预测位置误差。使用该信息，可以预测飞行器在导引点的位置误差，直接从惯性导航系统中获得当前时间飞行器的位置 φ_0，λ_0，还可以得到飞行器在所选坐标系的伴随三面体轴线上速度的投影，以及飞行器在该点的坐标。

因此，惯性导航系统从起点到导引点的飞行操作时间很容易通过式（1.3.2）确定：

$$t = \frac{\varphi_3 - \varphi_0}{V_\xi} \quad \text{或} \quad t = \frac{\lambda_3 - \lambda_0}{V_\eta} \tag{1.3.2}$$

使用上面给出的表达式，可以确定惯性导航系统的误差值，用于计算将飞行器移动到导引点的情况。

在第二阶段，计算从给定导引点击中目标的可能误差值。

从起始点到目标 O 的距离 D（见图1-7）通过测距仪确定，精确至测距仪的误差（测距仪的误差散布已知）。从图1-7可以看出，如果三角形的两边和它们之间的夹角是已知的，则可以确定所有其他元素。在这种情况下，需要得到三角形的第三边，即从导引点到目标的距离。

$$S = \sqrt{D^2 - 2DL\cos\alpha + L^2} \tag{1.3.3}$$

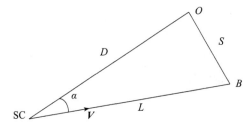

图1-7 飞行器与目标相对运动示意

在图 1 – 7 中引入的符号分别为：SC 表示飞行器的起始点（执行命令的时刻）；B 为飞行器可以进行目标识别的导引点；O 为目标识别点；D 表示飞行器上测距仪测量的目标识别的距离；L，S 对应的是计算距离；V 表示飞行器的速度矢量。

利用从导引点到目标的已知距离 S 以及测距仪误差与到目标的距离的已知关系，可以预测从飞行器的给定引导点识别目标的误差。

如果根据任务需要，不仅要识别目标，还要用飞行器击中目标，则可以使用式（1.3.1）与式（1.3.4）计算飞行时间：

$$\frac{S}{V} = t_{\text{Hitting}} \tag{1.3.4}$$

因此，击中目标的误差预测包括当飞行器被带到给定导引点时惯性导航系统误差的预测，以及当从该点击中目标时惯性导航系统误差的预测。

通常，这些任务通过远程控制的方法完成。但是，这需要地面的信息源配合，在这种情况下，远程控制的信号可能受到主动干扰，因此，较合理的途径是使用组合的飞行器控制方法。远程控制用于将关于导引点的坐标信息发送到飞行器，然后飞行器继续以自主模式运行，帮助飞行器自主飞行的是机载惯性导航系统和测距仪。

导致惯性导航系统误差的主要扰动因素之一是陀螺仪漂移，它在本质上具有随机性。对于惯性导航系统，在陀螺仪漂移的影响下，飞行器飞行的距离误差满足：

$$\Delta x(s) = \frac{R\nu^2 E(s)}{s(s^2 + \nu^2)} \tag{1.3.5}$$

式中，$E(s) = E^* + \tilde{E}(s)$，$E^*$ 是随机过程的时间平均值；$\tilde{E}(s)$ 是稳定随机过程；s 为拉普拉斯算子；R 为地球半径。

由陀螺仪的随机漂移引起的惯性导航系统误差可以写作 $\Delta x(t)$：

$$\Delta x(t) = \int_0^t \left[E^* + \tilde{E}(\tau) \right] k(t - \tau) \, d\tau \tag{1.3.6}$$

式中，$k(t - \tau)$ 为脉冲响应函数。

在对一组值进行平均后，平均误差值采用以下形式表示：

$$\Delta x^*(t) = \int_0^t E^* k(t - \tau) \, d\tau \tag{1.3.7}$$

从误差 $\Delta x(t)$ 中减去平均误差值 $\Delta x^*(t)$，可以获得惯性导航系统的随机误差分量：

$$\Delta \tilde{x}(t) = \int_0^t \tilde{E}(\tau) k(t - \tau) \mathrm{d}\tau \qquad (1.3.8)$$

惯性导航系统误差的统计特性可以通过记录不同时间点的最终表达式并应用于期望操作的结果来确定。误差关联函数满足下式：

$$M[\Delta \tilde{x}(t_1) \Delta \tilde{x}(t_2)] = \int_0^{t_1} k(t_1 - \tau) \mathrm{d}\tau \int_0^{t_2} k(t_2 - \theta) M[\tilde{E}(\tau) \tilde{E}(\theta)] \mathrm{d}\theta$$

$$(1.3.9)$$

定义陀螺漂移的相关函数 R：

$$R(\tau - \theta) = M[\tilde{E}(\tau) \tilde{E}(\theta)] \qquad (1.3.10)$$

同样，惯性导航系统误差的相关函数可写为

$$R_x(t_1, t_2) = M[\Delta \tilde{x}(t_1) \Delta \tilde{x}(t_2)] = \int_0^{t_1} k(t_1 - \tau) \mathrm{d}\tau \int_0^{t_2} R(\tau - \theta) k(t_2 - \theta) \mathrm{d}\theta$$

$$(1.3.11)$$

误差的方差由以下表达式确定：

$$D_x = R_x(t_1, t) = \int_0^t k(t - \tau) \mathrm{d}\tau \int_0^t R(\tau - \theta) k(t - \theta) \mathrm{d}\theta \qquad (1.3.12)$$

在实际应用中，陀螺仪漂移的随机分量的过程通常由具有相关函数的白噪声进行：

$$R(\tau) = Q^2 \delta(\tau) \qquad (1.3.13)$$

在式（1.3.13）中，Q 为强度或光谱密度。在这种情况下，相关函数为

$$R_x(t_1, t_2) = \int_0^{t_1} Q^2 k^2(t - \tau) \mathrm{d}\tau \qquad (1.3.14)$$

确定行进距离的惯性导航系统误差偏移为

$$D_x = R_x(t_1, t) = \int_0^t Q^2 k^2(t - \tau) \mathrm{d}\tau \qquad (1.3.15)$$

之后，定义脉冲响应：

$$k(t) = \frac{1}{2\pi i} \int_{c-i\infty}^{c+i\infty} \frac{R\nu^2}{s(s^2 + \nu^2)} \mathrm{e}^{st} \mathrm{d}s = R(1 - \cos\nu t) \qquad (1.3.16)$$

因此，惯性导航系统的误差可写为

$$\delta x^*(t) = E^* R\left(t - \frac{1}{\nu}\sin\nu t\right) \qquad (1.3.17)$$

惯性导航系统的误差方差写为下式：

$$D_x = Q^2 R^2 \left[\frac{3}{2}t - \frac{2}{\nu}\sin\nu t + \frac{1}{4\nu}\sin 2\nu t\right] \qquad (1.3.18)$$

在进行目标识别脱靶量的计算中，通过这些关系式确定误差时，还必须给定以下参数值：$E^* = 10^{-5}(°)/min$，并且采用光谱密度水平 $Q^2 = 2A^2\beta$，这里，A 为陀螺仪的随机漂移的标准偏差。

1.4 自主制导导引头陀螺仪的运动数学模型

在绝大多数情况下，假设目标与导引头之间的距离在较短的时间间隔内保持不变并且突然变化[16-18]，可以通过对导引头数学描述的显著简化对自主制导过程进行研究。该过程的这种简化使人们能够通过具有恒定系数的线性微分方程系统来描述它在所选定时间间隔内飞行器的运动，但是这样会导致对自主制导过程的描述失真。

可以考虑一个信道而不考虑信道之间的相关性，在扰动作用于导引头的条件下对自主制导的精度进行估算和评估，并且以足够高的精度选择自主制导系统的参数。如果需要，可以在陀螺仪驱动的外部影响扰动函数中考虑交叉通道的影响。

本节介绍一个数学模型，用于描述沿着单个通道的自主制导的运动过程，其考虑了导引头陀螺仪驱动的动态以及目标和自主制导飞行器之间距离的连续变化。

1.4.1 目标和飞行器的运动学方程的推导

运动学方程可以在极坐标系中导出。假设飞行器和目标在垂直和水平平面中的自主制导运动过程的运动学参数是独立的，分析目标和飞行器在垂直平面中的相对运动。

原点位于飞行器的质心，水平面的极轴如图 1-8 所示。

在图 1-8 中，O_T 为目标的质心；V_P 为飞行器的速度（相对于地面）；V_T 为目标的速度（相对于地面）；θ_P 为飞行器速度矢量 V_P 的角坐标；θ_T 为飞行器速度矢量 V_T 的角坐标；λ 为目标半径矢量 R 的角坐标。

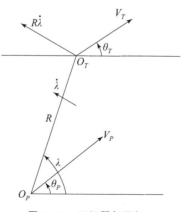

图 1-8 飞行器与目标
相对运动极坐标示意

这里，需要建立运动学方程来确定目标线 $O_P O_T$ 的角速度 λ_0 与射程 $R = O_P O_T$ 的函数关系。目标线的角速度可以根据所采用的极坐标系中目标半径矢量的末端线速度表达式来确定。

$$R\lambda_0 = V_P \cos\left(\frac{\pi}{2} - \lambda + \theta_P\right) - V_T \cos\left(\frac{\pi}{2} - \lambda + \theta_T\right) \tag{1.4.1}$$

$$\lambda_0 = \frac{1}{R}\left[V_P \sin(\lambda - \theta_P) - V_T \sin(\lambda - \theta_T)\right] \tag{1.4.2}$$

如果考虑飞行器和目标的运动在小角度范围内移动，则有：

$$\lambda = \lambda_0 + \Delta\lambda, \quad \theta = \theta_0 + \Delta\theta$$

可以得到：

$$\Delta\lambda_0 = \frac{1}{R}\{[V_P \cos(\lambda_0 - \theta_{P0}) - V_T \cos(\lambda_0 - \theta_{T0})]\Delta\lambda - [V_P \cos(\lambda_0 - \theta_{P0})\Delta\theta_P - V_T \cos(\lambda_0 - \theta_{T0})\Delta\theta_T] + [V_P \sin(\lambda_0 - \theta_{P0}) - V_T \sin(\lambda_0 - \theta_{T0})]\}$$

式中，$R = R(t)$，$V_P = V_P(t)$，$V_T = V_T(t)$。

如果在初始时刻 $\Delta\lambda_0 = 0$，那么在上式中最后一个方括号内的值为零，因此，得到 $\Delta\lambda_0$ 的表达式为

$$\Delta\lambda_0 = \frac{1}{R}\{[V_P \cos(\lambda_0 - \theta_{P0}) - V_T \cos(\lambda_0 - \theta_{T0})]\Delta\lambda \tag{1.4.3}$$
$$- [V_P \cos(\lambda_0 - \theta_{P0})\Delta\theta_P - V_T \cos(\lambda_0 - \theta_{T0})\Delta\theta_T]\}$$

通过计算目标与飞行器在射程线上的速度投影差，可以获得射程的速度变化率，见式（1.4.4）：

$$\dot{R} = V_T \cos(\lambda_0 - \theta_T) - V_P \cos(\lambda_0 - \theta_P) \tag{1.4.4}$$

然后对式（1.4.4）进行变分变换，可以得到：

$$\dot{R} = [V_T \cos(\lambda_0 - \theta_{T0}) - V_P \cos(\lambda_0 - \theta_{P0})]\Delta\lambda + \tag{1.4.5}$$
$$[V_T \sin(\lambda_0 - \theta_{T0})\Delta\theta_T - V_P \sin(\lambda_0 - \theta_{P0})\Delta\theta_P]$$

对式（1.4.5）进行积分和整合：

$$R = R_0 + \cos(\lambda_0 - \theta_{T0})\int_0^t V_T dt - \cos(\lambda_0 - \theta_{P0})\int_0^t V_P dt + \sin(\lambda_0 - \theta_{T0})\int_0^t V_T \Delta\theta_T dt -$$
$$\sin(\lambda_0 - \theta_{P0})\int_0^t V_P \Delta\theta_P dt \tag{1.4.6}$$

式中，当 V_P，V_T 为定值时，$V_P = V_P^*$，$V_T = V_T^*$，则有：

$$R = R_0 \left[1 + \frac{V_T^* \cos(\lambda_0 - \theta_{T0}) - V_P^* \cos(\lambda_0 - \theta_{P0})}{R_0} t + \frac{V_T^* \sin(\lambda_0 - \theta_{T0})}{R_0} \right.$$

$$\left. \int_0^t \Delta\theta_T \mathrm{d}t - \frac{V_P^* \sin(\lambda_0 - \theta_{P0}) t}{R_0} \int_0^t \Delta\theta_P \mathrm{d}t \right]$$

$$(1.4.7)$$

在首次近似中，与第二项和数值 1 相比，可以忽略上式的最后两项：

$$R = R_0 \left[1 + \frac{V_T^* \cos(\lambda_0 - \theta_{T0}) - V_P^* \cos(\lambda_0 - \theta_{P0})}{R_0} t \right] \qquad (1.4.8)$$

由此可以得到 $\dfrac{1}{R}$ 值，并将它代入式（1.4.2），得到：

$$\frac{1}{R} = \frac{\left[1 + \dfrac{V_T^* \cos(\lambda_0 - \theta_{T0}) - V_P^* \cos(\lambda_0 - \theta_{P0})}{R_0} t \right]^{-1}}{R_0} \qquad (1.4.9)$$

将式（1.4.9）分子中的表达式扩展为二项式序列，由于在 t 处的系数较小，自主制导过程的时间有限且较短，因此仅考虑该序列的前两项：

$$\frac{1}{R} = \frac{1}{R_0} \left[1 - \frac{V_T^* \cos(\lambda_0 - \theta_{T0}) - V_P^* \cos(\lambda_0 - \theta_{P0})}{R_0} t \right] \qquad (1.4.10)$$

用式（1.4.9）替换式（1.4.2）中的最后一个表达式，可以得到：

$$\Delta\lambda^0 + \frac{1}{R} \left\{ V_T^* \cos(\lambda_0 - \theta_{T0}) - V_P^* \cos(\lambda_0 - \theta_{P0}) - \right.$$

$$\left. \frac{\left[V_T^0 \cos(\lambda_0 - \theta_{T0}) - V_P^* \cos(\lambda_0 - \theta_{P0}) \right]^2}{R_0} t \right\} \Delta\lambda$$

$$(1.4.11)$$

$$= \frac{1}{R_0} \left\{ \left[V_T^* \cos(\lambda_0 - \theta_{T0}) \Delta\theta_T - V_P^* \cos(\lambda_0 - \theta_{P0}) \Delta\theta_P \right] \cdot \right.$$

$$\left. \left[1 - \frac{V_T^* \cos(\lambda_0 - \theta_{T0}) - V_P^* \cos(\lambda_0 - \theta_{P0})}{R_0} t \right] \right\}$$

在拉普拉斯变换中用零初始条件写出该等式：

$$s\Delta\lambda(s) + \frac{V_T^* \cos(\lambda_0 - \theta_{T0}) - V_P^* \cos(\lambda_0 - \theta_{P0})}{R_0} \Delta\lambda(s) +$$

$$\frac{\left[V_T^* \cos(\lambda_0 - \theta_{T0}) - V_P^* \cos(\lambda_0 - \theta_{P0}) \right]^2}{R_0^2} \cdot \frac{\mathrm{d}}{\mathrm{d}s} \Delta\lambda(s)$$

$$= \frac{V_T^* \cos(\lambda_0 - \theta_{T0})}{R_0} \Delta\theta_T(s) - \frac{V_P^* \cos(\lambda_0 - \theta_{P0})}{R_0} \Delta\theta_P(s) +$$

$$\frac{V_T^* \cos(\lambda_0 - \theta_{T0}) \left[V_T^* \cos(\lambda_0 - \theta_{T0}) - V_P^* \cos(\lambda_0 - \theta_{P0}) \right]^2}{R_0^2} \cdot \frac{\mathrm{d}}{\mathrm{d}s} \Delta\theta_T(s) -$$

$$\frac{V_P^* \cos(\lambda_0 - \theta_{P0}) \left[V_T^* \cos(\lambda_0 - \theta_{T0}) - V_P^* \cos(\lambda_0 - \theta_{P0}) \right]^2}{R_0^2} \cdot \frac{\mathrm{d}}{\mathrm{d}s} \Delta \theta_P(s)$$

$$(1.4.12)$$

因此，线性微分方程式（1.4.11）是从运动学关系式（1.4.1）和式（1.4.5）获得的，描述了飞行器与目标的小角度偏差之间的关系，以及目标线的偏差。这是具有可变系数的一阶方程，在具有零初始条件的拉普拉斯变换中，它可以用式（1.4.12）的形式表示。

1.4.2 描述目标线角运动的开放式结构

作为描述飞行器运动的参数，结合目标 $\Delta \theta_T$，V_T^* 的函数的目标线 $\Delta \lambda$ 的角运动方程式（1.4.12），能够表述其对应的结构，如图 1-9 所示。

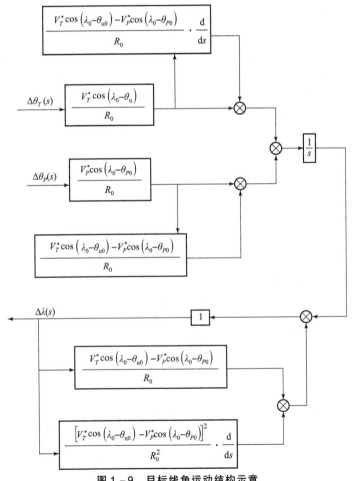

图 1-9 目标线角运动结构示意

该结构方案中的输入信号是拉普拉斯变换中的小角度偏差 $\Delta\theta_P(s)$ 和 $\Delta\theta_T(s)$，并且以恒定增益到达链路：

$$\frac{V_T^*\cos(\lambda_0-\theta_{T0})}{R_0}, \frac{V_P^*\cos(\lambda_0-\theta_{P0})}{R_0}$$

由于假设飞行器和目标的速度是恒定的，这些链路的传递函数均具有常系数。随后信号到达链路，其中输入信号的导数由具有常系数的参数 s 计算。此外，在根据结构方案使信号通过链路之后，输出端是关于目标线偏差的信息。

1.4.3　导引头陀螺仪装置及其操作原理

在现代导引头中，使用的是一系列陀螺仪驱动器。例如，在 20 世纪 50 年代和 60 年代，单转子陀螺仪驱动器被广泛用于空对空导弹，目标坐标协调器元件直接安装在转子上。但是，目标坐标方位仪电子部分的复杂性及其质量的增加将导致目标坐标方位仪稳定性误差的增加。因此，后来使用安装有目标坐标方位仪和微型陀螺仪的平台。来自陀螺进动角传感器的信号到达平台稳定电动机的控制绕组，控制平台的角运动并使其相对于两个轴稳定。

在导引头中使用的陀螺仪驱动器可以基于三级静止陀螺仪等。在所考虑的通过两个通道控制的双轴陀螺仪驱动方案中，使用指示器稳定的原理。指示器稳定借助由信号驱动的稳定电动机来补偿作用在平台上的外部干扰力矩，其信号是平台相对于坐标系偏转角度的函数。

陀螺仪驱动器是一个平台，目标坐标方位仪与其刚性连接，并且具有与目标协调器灵敏度轴线共线的动能动量的静态陀螺仪。力矩传感器和角度传感器位于陀螺仪悬架的轴上，稳定电动机位于平台万向节的轴上，用于形成卸载力矩和控制功能。位于平台的万向悬架轴上的角度传感器对飞行器自动驾驶仪的控制功能装置发出信息。在稳定模式和控制模式下，陀螺仪驱动器在两个通道上的工作原理相同，因此，仅限于考虑一次垂直滴灌。在稳定模式中，使用指示器稳定原理构造的陀螺仪驱动器的工作过程如下：围绕万向节悬架的内部和外部框架的轴作用的外部干扰力矩，引起框架与目标协调器相对于静态陀螺仪的角度偏差。静态陀螺仪的进动角度传感器同时提供关于目标协调器的角度偏差以及陀螺仪驱动悬架的内部框架的信息，并控制位于陀螺仪驱动器的内部和外部悬架支架的轴上的稳定电动机。稳定电动机会产生补偿外部干扰的力矩。

在控制模式中，来自目标协调器的信号作为误差角的函数，进入静态陀螺仪的扭矩传感器的控制绕组。扭矩传感器在产生力矩的瞬间引起静止陀螺仪的进动。信号（由于陀螺仪进动和平台角运动）从陀螺仪角度传感器被发送到陀螺仪平台，稳定电动机安装在万向节悬架的内、外框架的轴上，反过来，产生的力矩将减少沿两个轴的进动角度，从而实现监视目标坐标方位仪坐标的目的。信号从陀螺仪稳定器的角度传感器进入自动驾驶仪，自动驾驶仪形成作用在飞行器操作盘上的控制器。

1.4.4　导引头陀螺仪驱动器的数学模型

为了建立导引头陀螺仪驱动器的数学模型，首先设立一个正交坐标系 $OX_0Y_0Z_0$，其与自主导航飞行器刚性连接。图 1 – 10 所示为飞行器固连坐标系和角速度的投影。

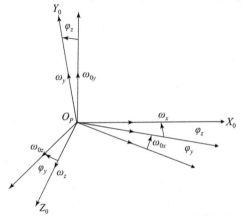

图 1 – 10　飞行器固连坐标系和角速度的投影

其中，坐标轴 OX_0 沿飞行器的纵轴指向轴 OY_0，OZ_0 位于飞行器的赤道平面，ω_0，ω_{0x}，ω_{0y} 表示飞行器在其自身轴上的绝对角速度的投影。将坐标系 $OXYZ$ 与固定在陀螺仪平台上的目标协调器相关联，目标协调器在其自身轴上的绝对角速度的投影由 ω_x，ω_y，ω_z 表示。图 1 – 11 所示为陀螺仪平台在飞行器悬架中的位置。

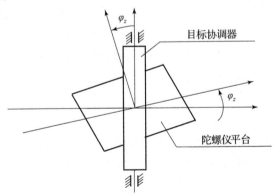

图 1 – 11　陀螺仪平台在飞行器悬架中的位置

目标协调器和飞行器的绝对角速度投影之间的关系由以下矩阵关系确定：

$$
\begin{vmatrix} \omega_x \\ \omega_y \\ \omega_z \end{vmatrix} = \begin{vmatrix} \cos\varphi_y\cos\varphi_z & \sin\varphi_z & \sin\varphi_y\cos\varphi_z \\ -\cos\varphi_y\sin\varphi_z & \cos\varphi_z & \sin\varphi_y\sin\varphi_z \\ \sin\varphi_y & 0 & \cos\varphi_y \end{vmatrix} \cdot \begin{vmatrix} \omega_{0x} \\ \omega_{0y} \\ \omega_{0z} \end{vmatrix} + \begin{vmatrix} 0 & \cos\varphi_z & 0 \\ 0 & \sin\varphi_z & 0 \\ 0 & 0 & 1 \end{vmatrix} \cdot \begin{vmatrix} 0 \\ \dot\varphi_y \\ \dot\varphi_z \end{vmatrix}
$$

$$(1.4.13)$$

借助动态欧拉方程可推导出导引头陀螺仪驱动器的运动学方程：

$$\frac{\mathrm{d}\boldsymbol{\delta}}{\mathrm{d}t} + \boldsymbol{\omega}x\boldsymbol{\delta} = \boldsymbol{M} \tag{1.4.14}$$

式中，$\boldsymbol{M}$ 为相对于其悬挂点，作用在陀螺仪平台上的外力的力矩；$\boldsymbol{\delta}$ 对应的是陀螺仪平台相对于其悬挂点的运动次数的主要时刻。

以标量形式写出陀螺仪平台的方程如下：

$$\frac{\mathrm{d}\delta_x}{\mathrm{d}t} - \delta_y\omega_z + \delta_z\omega_y = M_x$$

$$\frac{\mathrm{d}\delta_y}{\mathrm{d}t} - \delta_z\omega_x + \delta_x\omega_z = M_y \tag{1.4.15}$$

$$\frac{\mathrm{d}\delta_z}{\mathrm{d}t} - \delta_x\omega_y + \delta_y\omega_x = M_z$$

如果陀螺仪平台的位置如图 1 – 11 所示，相对于陀螺仪平台运动量的主力矩的投影具有以下含义：

$$\delta_x = J_{xn}\omega_x + J_{x\text{н}}(\omega_x\cos^2\varphi_z - \omega_y\sin\varphi_z\cos\varphi_z) + J_{y\text{н}}(\omega_{y0} + \dot\varphi_y)\sin\varphi_z$$

$$\delta_y = J_{yn}\omega_y + J_{y\text{н}}(\omega_{y0} + \dot\varphi_y)\cos\varphi_z - J_{x\text{н}}(\omega_x\sin\varphi_z\cos\varphi_z - \omega_y\sin^2\varphi_z)$$

$$\delta_z = J_{zn}\omega_z$$

$$(1.4.16)$$

在不考虑陀螺仪反应时刻的情况下，外力的力矩可以表示如下：

$$M_x = M_{x0}\cos\phi_z - M_{y0}\sin\phi_z$$

$$M_y = M_{y0}\cos\phi_z - M_{x0}\sin\phi_z$$

$$M_z = M_{cgz} - D\dot\phi_z - M_{Tz}\mathrm{sign}\dot\phi_z \tag{1.4.17}$$

$$M_{y0} = M_{cgy} - D\dot\phi_z - M_{Ty}\mathrm{sign}\dot\phi_y$$

式（1.4.17）中，M_{x0} 表示从飞行器自身侧面围绕飞行器纵轴作用在陀螺仪平台上的力矩。这个力矩是未知的，需要从陀螺仪驱动器的运动学方程中去除。

首先考虑式（1.4.15）中的前两个方程，并将式（1.4.17）中的力矩的值 M_x 和 M_y 代入这些方程的右侧，得到：

$$\frac{\mathrm{d}\delta_x}{\mathrm{d}t} - \delta_y\omega_z + \delta_z\omega_y = M_{x0}\cos\varphi_z + M_{y0}\sin\varphi_z$$

$$\frac{\mathrm{d}\delta_y}{\mathrm{d}t} - \delta_z\omega_x + \delta_x\omega_z = M_{y0}\cos\varphi_z + M_{x0}\sin\varphi_z$$

（1.4.18）

从这些方程中消除了未知力矩，所以可以得到：

$$\left(\frac{\mathrm{d}\delta_y}{\mathrm{d}t} - \delta_z\omega_x + \delta_x\omega_z\right)\cos\varphi_z + \left(\frac{\mathrm{d}\delta_x}{\mathrm{d}t} - \delta_y\omega_z + \delta_z\omega_y\right)\sin\varphi_z = M_{y0} \quad (1.4.19)$$

将主力矩的投影代入最后一个等式，并假设安装有目标协调器的陀螺仪平台被设计成使陀螺仪平台的所有轴向惯性力矩相等，得到：

$$\begin{aligned}
&\left[J_{y\text{н}}\dot{\omega}_y + J_{y\text{н}}(\dot{\omega}_{0y} + \ddot{\phi}_y)\cos\phi_z - J_{y\text{н}}(\omega_{0y} + \dot{\phi}_y)\dot{\phi}_y\sin\phi_z - J_{x\text{н}}(\omega_x\cos\phi_z - \omega_y\sin\phi_z) \right.\\
&\dot{\phi}_z\cos\phi_z + J_{x\text{н}}\omega_z(\omega_x\cos\phi_z - \omega_y\sin\phi_z)\left.\right]\cos\phi_z + \left[J_{x\text{н}}\dot{\omega}_x - J_{x\text{н}}(\omega_x\dot{\phi}_z\cos\phi_z - \omega_y\dot{\phi}_z\sin\phi_z)\right.\\
&\sin\phi_z + J_{x\text{н}}\omega_x(\omega_x\cos\phi_z - \omega_y\sin\phi_z)\sin\phi_z\left.\right] + \left[J_{y\text{н}}(\dot{\omega}_{0y} + \ddot{\phi}_y)\sin\phi_z + \right.\\
&J_{y\text{н}}(\omega_{0y} + \dot{\phi}_y)\dot{\phi}_y\cos\phi_z\left.\right]\sin\phi_z = M_{y0}
\end{aligned}$$

（1.4.20）

将这些项分组在最后一个等式中，并通过旋转平台和飞行器的运动分量 $|\omega_i|$ 和 $|\omega_{i0}|$ 来表达 $\dot{\varphi}_y$，$\dot{\varphi}_z$ 取其导数并考虑表达式 $\ddot{\varphi}_y$。作为简单转换的结果，最终获得描述具有刚性固定目标协调器的双轴平台动力学的表达式：

$$\begin{aligned}
&J_{y\text{н}}\dot{\omega}_y\cos\phi_z + J_{y\text{н}}\left[\frac{\dot{\omega}_y}{\cos\phi_z} + \dot{\omega}_{0x}\cos\phi_y\tan\phi_z - \dot{\omega}_{0z}\sin\phi_y\tan\phi_z - (\omega_{0x}^2 - \omega_{0z}^2)\right.\\
&\sin\phi_z\cos\phi_z\frac{1 + \sin^2\phi_z}{\cos^2\phi_z} + \omega_{0x}\omega_{0y}\sin\phi_y\tan\phi_z - \omega_{0x}\omega_{0z}(\cos^2\phi_z - \sin^2\phi_z)\frac{1 + \sin^2\phi_z}{\cos^2\phi_z} + \\
&\omega_{0y}\omega_{0z}\cos\phi_y\tan\phi_z + \omega_y\omega_z\frac{\tan\phi_z}{\cos\phi_z} - 2\omega_y\omega_{0x}\frac{\sin\phi_y\tan\phi_z}{\cos\phi_z} + \omega_z\omega_{0x}\frac{\cos\phi_y}{\cos^2\phi_z} - \\
&2\omega_y\omega_{0z}\frac{\cos\phi_y\tan\phi_z}{\cos\phi_z} - \omega_z\omega_{0z}\frac{\sin\phi_y}{\cos^2\phi_z}\left.\right] + J_{x\text{н}}\left[\dot{\omega}_y\frac{\sin^2\phi_z}{\cos\phi_z} + \dot{\omega}_{0x}\cos\phi_y\tan\phi_z + \dot{\omega}_{0z}\sin\phi_y\tan\phi_z + \right.\\
&(\omega_{0x}^2 - \omega_{0z}^2)\sin\phi_y\cos\phi_y(1 - 2\tan^2\phi_z) + \omega_{0x}\omega_{0y}\sin\phi_y\tan\phi_z + \omega_{0x}\omega_{0z}(\cos^2\phi_y - \sin^2\phi_z)\\
&(1 - 2\tan^2\phi_z) + \omega_{0y}\omega_{0z}\cos\phi_y\tan\phi_z + \omega_y\omega_z\frac{\tan\phi_z}{\cos\phi_z} - 2\omega_y\omega_{0x}\frac{\sin\phi_y\tan\phi_z}{\cos\phi_z} - \\
&2\omega_y\omega_{0z}\frac{\cos\phi_y\tan\phi_z}{\cos\phi_z} + \omega_z\omega_{0x}\cos\phi_y\tan^2\phi_z\left.\right] = M_{y0}
\end{aligned}$$

（1.4.21）

$$J_{zn}\dot{\omega}_z + J_{yH}\left[\omega_y\left(\omega_{0x}\frac{\cos\phi_y}{\cos\phi_z} - \omega_{0z}\frac{\sin\phi_y}{\cos\phi_z} \right) + \left(\omega_{0x}^2\cos^2\phi_y + \omega_{0z}^2\sin^2\phi_y \right)\tan\phi_z - \right.$$

$$\left. 2\omega_{0x}\omega_{0z}\sin\phi_y\cos\phi_y\tan\phi_z \right] - J_{xH}\left[\left(\omega_{0x}^2\cos^2\phi_y + \omega_{0z}^2\sin^2\phi_y \right)\tan\phi_z + \omega_y\omega_{0x}\frac{\cos\phi_y}{\cos\phi_z} - \right.$$

$$\left. \omega_y\omega_{0z}\frac{\sin\phi_y}{\cos\phi_z} - 2\omega_{0x}\omega_{0z}\sin\phi_y\cos\phi_y\tan\phi_z \right] = M_z$$

$$(1.4.22)$$

在方程的右侧部分被写入外力矩 $|M_{y0}|$ 和 M_z，作用分别围绕该平台的外部和内部框架的悬架轴，它们是相对角速度 $\dot{\phi}_y$ 和 $\dot{\phi}_z$ 的函数和。在平台的轴上进行干摩擦力的线性化处理，非线性函数被写为 $M_{Ti}\cdot\mathrm{sign}\,\dot{\phi}_i$，其中 $i = (y, z)$。

另外，当 $\dot{\phi}_i > 0$ 时，$M_{Ti}\cdot\mathrm{sign}\,\dot{\phi}_i = M_{Ti}$；当 $\dot{\phi}_i < 0$ 时，$M_{Ti}\cdot\mathrm{sign}\,\dot{\phi}_i = -M_{Ti}$。

在最可能的情况下，$\dot{\phi}_i(t)$ 为一个交替变量。在周期性有界实函数的一个周期内，且在具有有限数量极值的情况下，它可以被分解为无限的正弦函数系列——傅里叶级数：

$$\dot{\phi}_i(t) = A_0 + \sum_{\omega=1}^{\infty} A_\omega\sin\omega t + \sum_{\omega=1}^{\infty} B_\omega\cos\omega t \qquad (1.4.23)$$

其中傅里叶系数由式（1.4.24）确定：

$$A_0 = \frac{1}{2\pi}\int_0^{2\pi}\dot{\phi}_i(t)\,\mathrm{d}t$$

$$A_\omega = \frac{1}{\pi}\int_0^{2\pi}\dot{\phi}_i(t)\sin\omega t\,\mathrm{d}t \qquad (1.4.24)$$

$$B_\omega = \frac{1}{\pi}\int_0^{2\pi}\dot{\phi}_i(t)\cos\omega t\,\mathrm{d}t$$

如果忽略扩展项中所包含的小振幅的项，仅考虑具有最大振幅的谐波项，则干摩擦力可以以线性化的形式表示：

$$M_{Ti}\mathrm{sign}\,\dot{\phi}_i = \frac{4M_{Ti}}{\pi\dot{\phi}_0}\dot{\phi}_i \qquad (1.4.25)$$

式中，$\dot{\phi}_0$ 为平台相对于飞行器的角速度的幅度。结合速度和线性干摩擦，可以得到：

$$\left(D + \frac{4M_T}{\pi\dot{\phi}_o} \right)\dot{\phi}_i = D'\dot{\phi}_i \qquad (1.4.26)$$

通过稳定位于平台悬架轴上的发动机产生的力矩可表示如下：

$$M_{cgy} = K_y L^{-1}(W(s)\alpha(s))$$
$$M_{cgz} = K_z L^{-1}(W(s)\beta(s))$$

(1.4.27)

式中，$W(s)$ 是稳定通道中的传递函数（假设两个通道都相同）；K_y，K_z 是稳定通道中的静态增益；α，β 是陀螺仪沿其悬架的相应轴进动的角度。

因此，围绕平台悬架轴线作用的外部力矩可以通过以下形式表示：

$$M_z = K_z L^{-1}(W(s)\beta(s)) - D'\dot{\phi}_z$$
$$M_{0y} = K_z L^{-1}(W(s)\alpha(s)) - D'\dot{\phi}_y$$

(1.4.28)

或者，考虑到式（1.4.13），可用平台和飞行器的绝对速度差值代替相对速度：

$$M_z = K_z L^{-1}(W(s)\beta(s)) - \text{Д}'(\omega_z - \omega_{0x}\sin\varphi_y - \omega_{0z}\cos\varphi_y)$$
$$M_{0y} = K_z L^{-1}(W(s)\alpha(s)) - \text{Д}'\left(\frac{\omega_y}{\cos\varphi_z} + \omega_{0x}\cos\varphi_y\tan\varphi_z - \omega_{0y} - \omega_{0z}\sin\varphi_y\tan\varphi_z\right)$$

(1.4.29)

写出描述安装在平台上的静止陀螺仪的运动学方程，坐标系示意如图 1 - 12 所示。

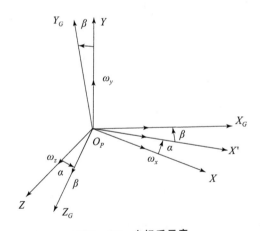

图 1 - 12　坐标系示意

假设陀螺仪相对于平台轴的偏差角度足够小，以至于有足够的近似值，可以通过角度本身考虑这些角度的正弦值以及余弦单位。

根据这个假设，静止陀螺仪的运动学方程如下：

$$J_{Gy}(\dot{\omega}_y + \ddot{\alpha}) + H(\omega_z + \dot{\beta}) + H\omega_x\alpha = M_{MDy} + M_{By}$$

$$J_{Gz}(\dot{\omega}_z + \ddot{\beta}) - H(\omega_y + \dot{\alpha}) + H\omega_x\beta = M_{MDz} + M_{Bz}$$

(1.4.30)

式（1.4.30）中的 H 为陀螺仪的内在动力矩；J_{Gy} 和 J_{Gz} 为陀螺仪相对于外框架和内框架悬架轴的惯性力矩；M_{MDy} 为位于陀螺仪悬架轴上的扭矩传感器产生的力矩；M_{By} 为围绕陀螺仪悬架轴作用的外部干扰力矩。

用以下形式写出由力矩传感器产生的力矩：

$$M_{MDy} = -K\Delta_z$$

$$M_{MDz} = -K\Delta_y$$

(1.4.31)

式中，Δ_z，Δ_y 是视线与目标线之间的角度差。控制信道的延迟由于较小（延迟不超过 $\frac{1}{100}$ s）而被忽略。

$$J_{Dy}(\dot{\omega}_y + \ddot{\alpha}) + H(\omega_z + \dot{\beta}) + K\Delta_z = M_{By} - H\omega_{0x}\alpha\frac{\cos\phi_y}{\cos\phi_z} + H\omega_{0z}\alpha\frac{\sin\phi_y}{\cos\phi_z} - H\omega_y\alpha\tan\phi_z$$

$$J_{Dz}(\dot{\omega}_z + \ddot{\beta}) - H(\omega_y + \dot{\alpha}) - K\Delta_y = M_{Bz} + H\omega_{0x}\beta\frac{\cos\phi_y}{\cos\phi_z} - H\omega_{0z}\beta\frac{\sin\phi_y}{\cos\phi_z} + H\omega_y\beta\tan\phi_z$$

(1.4.32)

这些方程式与系统式（1.4.22）一起完整地描述了导引头的运动，即陀螺仪驱动器和目标协调器。由此产生的微分方程系统是非线性的，具有可变系数，并且包含比方程数更多的未知变量。可以将这些方程式加到控制方程中：

$$\omega_y = \dot{\Delta}_y + \dot{\lambda}_y$$

$$\omega_z = \dot{\Delta}_z + \dot{\lambda}_z$$

(1.4.33)

式中，$\dot{\lambda}_y$，$\dot{\lambda}_z$ 是目标线的角速度。

应该注意的是，表征视线方位的角度 φ_y、φ_z，根据角度 λ_i、θ_{Pi} 的变化而变化：

$$\varphi_i = \lambda_i - \theta_{Pi}$$

(1.4.34)

在飞行器的自主导航过程中这些角度会发生变化，并且在建模过程中，角度会在封闭的自主制导系统的回路中连续形成。对于分析研究，角度可以写为以下形式：

$$\phi_y = \phi_{y0} + \Delta\psi$$

$$\phi_z = \phi_{z0} + \Delta V$$

(1.4.35)

式中，ϕ_{y0}、ϕ_{z0} 为视线的恒定方位角，$\Delta\psi$、ΔV 分别是沿着航向和俯仰方向的飞行器振荡的角度。

因此，自变量为 ω_y、ω_z、α、β、Δ_y、Δ_z，其在给定目标线的运动和围绕质心的飞行器振荡的情况下完全由式（1.4.23）、式（1.4.32）、式（1.4.33）确定。应当注意的是，在稳态运动中，$\Delta i = 0$，$\omega_i = \lambda_i$，即视线连续监视目标线，它们之间始终不匹配。由此得出，视线的每个角速度对应于一定的不匹配角度。然而，目标线和视线之间的不匹配角度取决于其他因素，包括围绕陀螺仪进动轴的作用的扰动、飞行器围绕其主轴的角速度。

同时，在导引头中，关于视线角速度的信息以与误差角成比例的电信号的形式传输到自动驾驶仪或飞行器控制系统。因此，该信息不仅包含视线的角速度，还包含错误信息。

考虑导引头输出处视线的角速度：

$$\omega_{ri} = -\mu\Delta_i \tag{1.4.36}$$

式中，$\mu = \dfrac{K}{H}$；

或

$$\omega_y = -\frac{\dot{\omega}_{ry}}{\mu} + \dot{\lambda}_y \tag{1.4.37}$$

$$\omega_z = -\frac{\dot{\omega}_{rz}}{\mu} + \dot{\lambda}_z$$

对方程进行简单的变换，将方程的所有项除以 N，得到：

$$\frac{a_0}{\mu}\ddot{\omega}_{ry} + \frac{d}{\mu}\dot{\omega}_{ry} + \nu_y\cos\varphi_z L^{-1}(W(s)\alpha(s)) = a_0\ddot{\lambda}_y + d\dot{\lambda}_y + F_{0y}(t) + F_{iy}(t)$$

$$\frac{a_{zn}}{\mu}\ddot{\omega}_{rz} + \frac{d}{\mu}\dot{\omega}_{rz} + \nu_z L^{-1}(W(s)\beta(s)) = a_{zn}\ddot{\lambda}_z + d\dot{\lambda}_z + F_{0z}(t) + F_{iz}(t)$$

$$a_{ry}\left(\frac{\ddot{\omega}_{ry}}{\mu} - \ddot{\alpha}\right) + \frac{\dot{\omega}_{rz}}{\mu} + \omega_{rz} - \dot{\beta} = a_{ry}\ddot{\lambda}_y + \dot{\lambda}_z + f_{0y}(t) + f_{iy}(t)$$

$$a_{rz}\left(\frac{\ddot{\omega}_{rz}}{\mu} - \ddot{\beta}\right) - \frac{\dot{\omega}_{ry}}{\mu} - \omega_{ry} + \dot{\alpha} = a_{rz}\ddot{\lambda}_z - \dot{\lambda}_y - f_{0z}(t) - f_{iz}(t)$$

$$\tag{1.4.38}$$

这里引入以下参数定义：

$$a_0 = \frac{1}{H}(J_{yн} + j_{yn}\cos^2\varphi_z + j_{xn}\sin^2\varphi_z)$$

$$d = \frac{Д'}{H}, \nu = \frac{K_1}{H}$$

$$a_{zn} = \frac{J_{zn}}{H}, a_{ri} = \frac{J_{ri}}{H}$$

$$f_{0y}(t) = -\frac{M_{By}}{H}, f_{0z}(t) = \frac{M_{Bz}}{H}$$

$$f_{iy}(t) = \left(\omega_{0x}\frac{\cos\varphi_y}{\cos\varphi_z} - \omega_{0z}\frac{\sin\varphi_y}{\cos\varphi_z} \right)\alpha + \dot{\lambda}_y\alpha\tan\varphi_z - \frac{\dot{\omega}_{ry}}{\mu}\alpha\tan\varphi_z$$

$$f_{iz}(t) = \left(\omega_{0x}\frac{\cos\varphi_y}{\cos\varphi_z} - \omega_{0z}\frac{\sin\varphi_y}{\cos\varphi_z} \right)\beta + \dot{\lambda}_z\beta\tan\varphi_z - \frac{\dot{\omega}_{ry}}{\mu}\beta\tan\varphi_z$$

$$F_{0y}(t) = \frac{J_{yн}+j_{yn}}{H}\big[\dot{\omega}_{0x}\alpha\cos\varphi_y\sin\varphi_z + \omega_{0x}\omega_{0y}\sin\varphi_y\sin\varphi_z + \omega_{0y}\omega_{0z}\cos\varphi_y\sin\varphi_z +$$

$$\dot{\lambda}_y\dot{\lambda}_z\tan\varphi_z - 2\dot{\lambda}_y(\omega_{0x}\sin\varphi_y + \omega_{0z}\cos\varphi_y)\tan\varphi_z \big] + \frac{J_{xн}-j_{yн}}{H}$$

$$\left[\omega_{0z}\sin\varphi_y\sin\varphi_z - \frac{\omega_{0x}^2 - \omega_{0z}^2}{2}\sin2\varphi_y\sin\varphi_z\tan\varphi_z - \omega_{0x}\omega_{0z}\cos2\varphi_y\sin\varphi_z\tan\varphi_z \right] -$$

$$\frac{J_{yн}-j_{xн}\cos2\varphi_z}{H}\left[\frac{\omega_{0x}^2 - \omega_{0z}^2}{\cos\varphi_z} + \omega_{0x}\omega_{0z}\frac{\cos2\varphi_y}{\cos\varphi_z} \right] +$$

$$\frac{J_{yн}-j_{xн}\sin^2\varphi_y}{H}\left(\omega_{0x}\frac{\cos\varphi_y}{\cos\varphi_z} - \omega_{0z}\frac{\sin\varphi_y}{\cos\varphi_z} \right)\dot{\lambda}_z +$$

$$d(\omega_{0x}\cos\varphi_y - \omega_{0z}\sin\varphi_y)\tan\varphi_z - d\omega_{0y}$$

$$F_{0z}(t) = \frac{J_{yн}-j_{xн}}{H}\big[(\omega_{0x}^2\cos^2\varphi_y + \omega_{0z}^2\sin^2\varphi_y)\tan\varphi_z - \omega_{0x}\omega_{0z}\sin2\varphi_y\tan\varphi_z +$$

$$\dot{\lambda}_y\frac{\omega_{0x}\cos\varphi_y - \omega_{0z}\sin\varphi_y}{\cos\varphi_z} \big] - d\omega_{0y} - d(\omega_{0x}\cos\varphi_y + \omega_{0z}\sin\varphi_y)\tan\varphi_z$$

$$F_{iy}(t) = \frac{Y_{xн}+Y_{yн}}{H}\left(\frac{\dot{\omega}_{ry}\omega_{rz}}{\mu^2} - \frac{\dot{\omega}_{ry}\dot{\lambda}_z}{\mu} - \frac{\dot{\omega}_{rz}\dot{\lambda}_z}{\mu} + \dot{\lambda}_y\dot{\lambda}_z + 2\frac{\dot{\omega}_{ry}\omega_{0x}}{\mu}\sin\varphi_y - 2\dot{\lambda}_y\omega_{0x}\sin\varphi_y +$$

$$2\frac{\dot{\omega}_{ry}\omega_{0x}}{\mu}\cos\varphi_y \right)\tan\varphi_z - \frac{J_{yн}+j_{xн}\sin^2\varphi_y}{H}(\omega_{0x}\cos\varphi_y - \omega_{0z}\sin\varphi_y)\frac{\dot{\omega}_{rz}}{\mu\cos\varphi_z}$$

$$F_{iz}(t) = -\frac{J_{yн}-j_{xн}}{H}(\omega_{0x}\cos\varphi_y - \omega_{0z}\sin\varphi_y)\frac{\dot{\omega}_{ry}}{\mu\cos\varphi_z} \tag{1.4.39}$$

如式（1.4.39）所示，导引头陀螺仪驱动器的运动可由具有可变系数和信道间交叉链路的微分方程系统非常精确地描述。已知陀螺仪的章动振荡通常是相当高的，如果振动干扰的频率远离陀螺仪的螺旋振荡的频率，则可以忽略不计，有了这个假设，式（1.4.39）可以被进一步简化，写为如下形式：

$$\frac{a_0}{\mu}\ddot{\omega}_{ry} + \frac{d}{\mu}\dot{\omega}_{ry} + \nu_y\cos\varphi_z L^{-1}(W(s)\alpha(s)) = a_0\ddot{\lambda}_y + d\dot{\lambda}_y + F_{0y}(t) + F_{iy}(t)$$

$$\frac{a_{zn}}{\mu}\ddot{\omega}_{rz} + \frac{d}{\mu}\dot{\omega}_{rz} + \nu_z L^{-1}(W(s)\beta(s)) = a_{zn}\ddot{\lambda}_z + d\dot{\lambda}_z + F_{0z}(t) + F_{iz}(t)$$

$$\frac{\dot{\omega}_{rz}}{\mu} + \omega_{rz} - \dot{\beta} = \dot{\lambda}_z + f_{0y}(t) + f_{iy}(t)$$

$$\frac{\dot{\omega}_{ry}}{\mu} + \omega_{rz} - \dot{\alpha} = \dot{\lambda}_y + f_{0z}(t) + f_{iz}(t)$$

$$(1.4.40)$$

在这种简化的表示中，交叉链接出现在成员组 f 和 F 中，然而，这些成员包含未知的变量，并且通常比左边部分包含的变量小 1～2 个数量级，并且在第二个近似中找到系统的解时可以被考虑。在第一个近似中，找到了生成系统的解，它可分成两个相互独立的方程组：

$$\frac{a_0}{\mu}\ddot{\omega}_{ry} + \frac{d}{\mu}\dot{\omega}_{ry} + \nu_y\cos\varphi_z L^{-1}(W(s)\alpha(s)) = a_0\ddot{\lambda}_y + d\dot{\lambda}_y + F_{0y}(t)$$

$$\frac{\dot{\omega}_{ry}}{\mu} + \omega_{ry} - \dot{\alpha} = \dot{\lambda}_y + f_{0z}(t)$$

$$\frac{a_{zn}}{\mu}\ddot{\omega}_{rz} + \frac{d}{\mu}\dot{\omega}_{rz} + \nu_z L^{-1}(W(s)\beta(s)) = a_{zn}\ddot{\lambda}_z + d\dot{\lambda}_z + F_{0z}(t)$$

$$\frac{\dot{\omega}_{rz}}{\mu} + \omega_{rz} - \dot{\beta} = \dot{\lambda}_z + f_{0y}(t)$$

$$(1.4.41)$$

引入矩阵：

$$\boldsymbol{a}_0 = \begin{vmatrix} a_0 \\ a_{zn} \end{vmatrix}; \boldsymbol{\nu} = \begin{vmatrix} \nu_y\cos\varphi_z \\ \nu_z \end{vmatrix}; \boldsymbol{F}_0 = \begin{vmatrix} F_{0y} \\ F_{0z} \end{vmatrix}; \boldsymbol{f}_0 = \begin{vmatrix} f_{0z} \\ f_{0y} \end{vmatrix};$$

$$\boldsymbol{\lambda} = \begin{vmatrix} \lambda_y \\ \lambda_z \end{vmatrix}; \boldsymbol{\delta} = \begin{vmatrix} \alpha \\ \beta \end{vmatrix}; \boldsymbol{\omega}_r = \begin{vmatrix} \omega_{ry} \\ \omega_{rz} \end{vmatrix} \qquad (1.4.42)$$

可以得到：

$$\frac{a}{\mu}\ddot{\boldsymbol{\omega}}_r + \frac{d}{\mu}\dot{\boldsymbol{\omega}}_r + \boldsymbol{\nu}L^{-1}(W(s)\delta(s)) = a\ddot{\boldsymbol{\lambda}} + d\dot{\boldsymbol{\lambda}} + \boldsymbol{F}_0(t)$$

$$(1.4.43)$$

$$\frac{\dot{\boldsymbol{\omega}}_r}{\mu} + \boldsymbol{\omega}_r - \boldsymbol{\delta} = \dot{\boldsymbol{\lambda}} + \boldsymbol{f}_0(t)$$

在初始条件为零的拉普拉斯变换中写出系统的表达式：

$$\frac{a}{\mu}s^2 + \frac{d}{\mu}s + \boldsymbol{\nu}L^{-1}(W(s)\delta(s)) = (as+d)s\boldsymbol{\lambda}(s) + \boldsymbol{F}_0(s)$$

$$(1.4.44)$$

$$\left(1+\frac{s}{\mu}\right)\boldsymbol{\omega}_r(s) - s\boldsymbol{\delta}(s) = s\boldsymbol{\lambda}(s) + \boldsymbol{f}_0(s)$$

该方程系统结构示意如图 1 - 13 所示，其中输入是扰动 $\boldsymbol{F}_0$、$\boldsymbol{f}_0$，输出为信号 $\boldsymbol{\omega}_r(s)$。

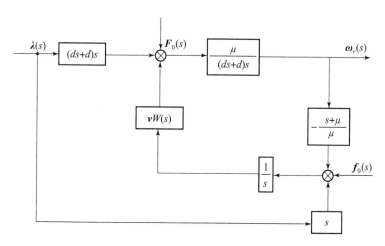

图 1 - 13　系统结构示意

在需要简化导引头描述的情况下，陀螺仪驱动器可以由基本结构方案表示。由于在跟踪系统的当前发展水平下，平台的稳定电路中的增益可以选择得足够大，因此陀螺仪相对于平台的偏转角很小，以至于系统的第二个方程式（1.4.44）中的 $s\boldsymbol{\delta}(s)$ 项可以忽略不计。那么第二个等式采用以下形式：

$$(s+\mu)\boldsymbol{\omega}_r(s) = s\mu\boldsymbol{\lambda}(s) + \mu\boldsymbol{f}_0(s) \qquad (1.4.45)$$

此式与图 1 - 13 所示的结构对应。

下面介绍近似参数 $\mu = \dfrac{K}{H}$ 的选择。该参数是视线和目标线之间的未对准角度，以及由陀螺仪力矩传感器产生相关力矩的静态增益。该参数可从陀螺仪驱动器的稳定性条件中选择。陀螺仪驱动器的自身运动可以通过式（1.4.38）描述，其中右边部分由零代替。

然而，即使陀螺仪驱动器的适当运动的这种近似描述，也不允许人们获得或多或少可接受的条件来选择减小的静态增益。可以使用陀螺仪的进动运动获得用于分配该系数的更粗糙的近似条件。根据系统方程式（1.4.44），这种描述陀螺仪驱动器运动的系统具有以下形式：

$$(as^2 + ds)\boldsymbol{\omega}_r(s) + \mu\boldsymbol{\nu}W(s)\boldsymbol{\delta}(s) = \mathbf{0}$$
$$(s + \mu)\boldsymbol{\omega}_r(s) - s\mu\boldsymbol{\delta}(s) = \mathbf{0} \tag{1.4.46}$$

选取第一个近似值：

$$W(s) = 1 \tag{1.4.47}$$

可以得到：

$$(as^2 + ds)\boldsymbol{\omega}_r(s) + \mu\boldsymbol{\nu}\boldsymbol{\delta}(s) = \mathbf{0}$$
$$(s + \mu)\boldsymbol{\omega}_r(s) - s\mu\boldsymbol{\delta}(s) = \mathbf{0} \tag{1.4.48}$$

作为系统的主要决定因素，定义为

$$\Delta = a\mu s^3 + d\mu s^2 + \mu\nu s + \mu^2\nu = 0 \tag{1.4.49}$$

对于系统运动的稳定性，根据 Hurwitz 准则，Hurwitz 行列式及其所有对角线子式都必须大于零：

$$\Delta_r = \begin{vmatrix} d\mu & \mu^2\nu & 0 \\ a\mu & \mu\nu & 0 \\ 0 & d\mu & \mu^2\nu \end{vmatrix} = \mu^2\nu \begin{vmatrix} d\mu & \mu^2\nu \\ a\mu & \mu\nu \end{vmatrix} = \mu^2\nu(d\mu^2\nu - a\mu^3\nu) > 0 \tag{1.4.50}$$

上述参数 μ、ν、d、a 都大于零。因此有 $\mu < \dfrac{d}{a}$ 或者 $\mu < \dfrac{D}{J_0}$，由于 $\mu = \dfrac{K}{H}$，则可以得到 $K < \dfrac{D'H}{J_0}$。

经过近似选择减少的系数，有必要通过数学建模的方式，在计算机上使用更完整的运动学方程来验证系统运动的稳定性，或者通过试验进行验证。

为了对接所得到的两个开环图（见图 1-9 和图 1-13），需要设置或选择自动驾驶仪和飞行器的传递函数。

选取

$$W_{an}(s) = \frac{\delta_P(s)}{\omega_r(s)} = \frac{K_\Phi}{T_\Phi s + 1} \tag{1.4.51}$$

$$W_P(s) = \frac{\dot{\theta}_P(s)}{\delta_P(s)} = \frac{K_P}{T_P^2 s^2 + 2\xi T_P s + 1} \tag{1.4.52}$$

考虑到导引头天线罩的失真，可以得到飞行器控制电路中导航通道的闭合框图，如图 1-14 所示。

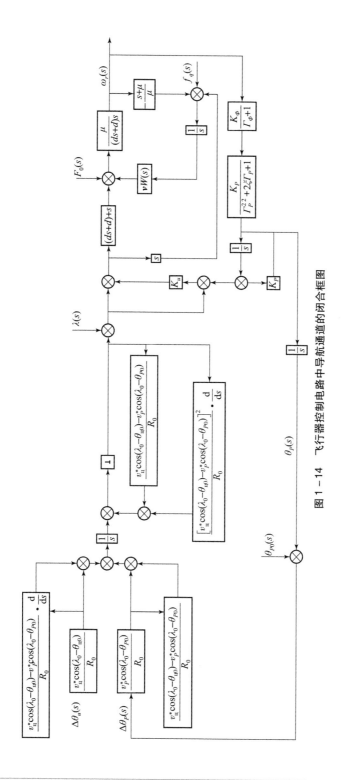

图 1-14　飞行器控制电路中导航通道的闭合框图

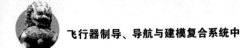

以柯西的形式写出系统的运动学方程如下：

$$
\begin{cases}
\Delta\dot{\lambda} + \dfrac{1}{R_0}\left(V_1^* - \dfrac{(V_1^*)^2}{R_0}t\right)\Delta\lambda = \dfrac{1}{R_0}\left[\left(V_{\text{Ц}}^*\Delta\theta_{\text{Ц}} - V_P^*\Delta\theta_P\right)\left(1 - \dfrac{V_1^*}{R_0}t\right)\right] \\[2mm]
a\ddot{\omega}_r + d\dot{\omega}_r + \mu\nu\delta = a\omega\ddot{\lambda}_1 + d\mu\dot{\lambda}_1 + \mu F_0 \\[2mm]
\dot{\omega}_r + \mu\omega_r - \mu\dot{\delta} = \mu\dot{\lambda}_1 + \mu f_0 \\[2mm]
T_{\Phi}\dot{\delta}_P + \delta_P = K_{\Phi}\omega_r + K_{\Phi}\sigma \\[2mm]
T_P^2\dddot{\theta}_P + 2\xi T_P\ddot{\theta}_P + \dot{\theta}_P = K_P\delta_P \\[2mm]
\lambda_1 = (\Delta\lambda + \lambda_0)(1 - K_y) + K_y(K_1\dot{\theta}_P + \theta_P)
\end{cases}
$$

$$(1.4.53)$$

引入以下参数：

$$
x_1 = \Delta\lambda\,;\, x_2 = \Delta\theta_P\,;\, x_3 = \dot{x}_2 = \dot{\theta}_P\,;\, x_4 = \dot{x}_3 = \ddot{\theta}_P\,;
$$

$$
x_5 = \delta_P\,;\, x_6 = \omega_r\,;\, x_7 = \delta\,;\, x_8 = \dot{x}_7 = \dot{\delta}
$$

由新变量表示的方程组写为

$$
\begin{cases}
\dot{x}_1 + \dfrac{1}{R_0}\left(V_1^* - \dfrac{(V_1^*)^2}{R_0}t\right)x_1 = \dfrac{1}{R_0}\left[\left(V_t^*\Delta\theta_t - V_P^*x_2\right)\left(1 - \dfrac{V_1^*}{R_0}t\right)\right] \\[2mm]
a\ddot{x}_0 + dx_0 + \mu\nu x_7 = a\omega\ddot{\lambda}_1 + d\mu\dot{\lambda}_1 + \mu F_0 \\[2mm]
\dot{x}_6 + \mu x_6 - \mu\dot{x}_7 = \mu\dot{\lambda}_1 + \mu f_0 \\[2mm]
T_F\dot{x}_5 + x_5 = K_F x_6 + K_F\sigma \\[2mm]
T_P^2\dot{x}_4 + 2\xi T_P x_4 + x_3 = K_P x_5 \\[2mm]
\lambda_1 = (1 - K_y)x_1 + K_y K_1 x_3 + K_y x_2 + (1 - K_y)\lambda_0 + K_y\theta_{P0}
\end{cases}
$$

$$(1.4.54)$$

取第三个等式的时间导数可得：

$$
\ddot{x}_6 + \mu\dot{x}_6 - \mu\dot{x}_8 = \mu\ddot{\lambda}_1 + \mu\dot{f}_0
$$

通过第一个方程表达第一个项：

$$
\dot{x}_1 = \dfrac{1}{R_0}\left(V_1^* - \dfrac{(V_1^*)^2}{R_0}t\right)x_1 - \dfrac{\overline{V}_P^*}{R_0}\left(1 - \dfrac{V_1^*}{R_0}t\right)x_2 + \dfrac{\overline{V}_t^*}{R_0}\left(1 - \dfrac{V_1^*}{R_0}t\right)\Delta\theta_T
$$

将 $\dot{x}_i$，$\dot{x}_2 = x_3$，$\dot{x}_3 = x_4$ 代入 $\dot{x}_6$，则

$$\dot{x}_6 = -\mu x_6 - \mu x_8 + \mu \dot{f}_0 - \frac{\mu(1-K_y)}{R_0}\left(V_1^* - \frac{(V_1^*)^2}{R_0}t\right)x_1 - \frac{\mu(1-K_y)\overline{V}_P^*}{R_0}\left(1 - \frac{V_1^*}{R_0}t\right)x_2 -$$

$$\frac{\mu(1-K_y)\overline{V}_{II}^*}{R_0}\left(1 - \frac{V_1^*}{R_0}t\right)\Delta\theta_{II} + \mu K_y K_1 x_4 + \mu K_y x_3$$

可写出式（1.4.54）的第四个方程 $\dot{x}_5$：

$$\dot{x}_5 = -\frac{1}{T_{\varPhi}}x_5 + \frac{K_{\varPhi}}{T_{\varPhi}}x_6 + \frac{K_{\varPhi}}{T_{\varPhi}}\sigma$$

第五个方程 $\dot{x}_4$ 可写成如下形式：

$$\dot{x}_4 = \frac{2\xi}{T_P}x_4 - \frac{1}{T_P^2}x_3 + \frac{K_P}{T_P^2}x_5$$

接下来以变量增加指数的顺序重新列出所上述获得的方程，可得：

$$\dot{x}_1 = \frac{1}{R_0}\left(V_1^* - \frac{(V_1^*)^2}{R_0}t\right)x_1 - \frac{\overline{V}_P^*}{R_0}\left(1 - \frac{V_1^*}{R_0}t\right)x_2 + \frac{\overline{V}_{II}^*}{R_0}\left(1 - \frac{V_1^*}{R_0}t\right)\Delta\theta_{II}$$

$$\dot{x}_2 = x_3$$

$$\dot{x}_3 = x_4$$

$$\dot{x}_4 = \frac{2\xi}{T_P}x_4 - \frac{1}{T_P^2}x_3 + \frac{K_P}{T_P^2}x_5$$

$$\dot{x}_5 = -\frac{1}{T_{\varPhi}}x_5 + \frac{K_{\varPhi}}{T_{\varPhi}}x_6 + \frac{K_{\varPhi}}{T_{\varPhi}}\sigma$$

$$\dot{x}_6 = \frac{\mu(1-K_y)}{R_0}V_1^*\left(1 - \frac{V_1^*}{R_0}t\right)x_1 - \frac{\mu(1-K_y)\overline{V}_P^*}{R_0}\left(1 - \frac{V_1^*}{R_0}t\right)x_2 + \mu K_y x_3 +$$

$$\mu K_y K_1 x_4 - \mu x_6 + \frac{\mu(1-K_y)\overline{V}_{II}^*}{R_0}\left(1 - \frac{V_1^*}{R_0}t\right)\Delta\theta_{II} + \mu f_0$$

$$\dot{x}_7 = x_8$$

$$\dot{x}_8 = \frac{\mu(1-K_y)}{R_0}V_1^*\left(1 - \frac{V_1^*}{R_0}t\right)x_1 - \frac{\mu(1-K_y)\overline{V}_P^*}{R_0}\left(1 - \frac{V_1^*}{R_0}t\right)x_2 + \mu K_y x_3 + \mu K_y K_1 x_4 -$$

$$\left(\mu - \frac{d}{a}\right)x_6 - \frac{\nu}{x}x_7 - \left(\mu + \frac{d}{a}\right)x_8 + \frac{\mu(1-K_y)\overline{V}_{II}^*}{R_0}\left(1 - \frac{V_1^*}{R_0}t\right)\Delta\theta_{II} -$$

$$\dot{f}_0 + \left(\mu - \frac{d}{a}\right)f_0 + \frac{F_0}{a} \tag{1.4.55}$$

代入以下矩阵：

$$\boldsymbol{X}^{\mathrm{T}} = \begin{bmatrix} x_1 x_2 x_3 x_4 x_5 x_6 x_7 x_8 \end{bmatrix}$$

$$\boldsymbol{W}^{\mathrm{T}} = \begin{bmatrix} \Delta\theta_T \sigma f_0 \dot{f}_0 F_0 \end{bmatrix}$$

$$
A =
\begin{bmatrix}
\dfrac{V_1^*}{R_0}\left(1-\dfrac{V_1^*}{R_0}t\right) & \dfrac{\bar{V}_P^*}{R_0}\left(1-\dfrac{V_1^*}{R_0}t\right) & 0 & 0 & 0 & 0 & 0 & 0 \\[2.2ex]
0 & 0 & 0 & 0 & 0 & 0 & 0 & 0 \\[1ex]
0 & 0 & -\dfrac{1}{T_P^2} & 1 & 0 & 0 & 0 & 0 \\[2ex]
0 & 0 & 0 & -\dfrac{2\xi}{T_P} & \dfrac{K_P}{T_P^2} & 0 & 0 & 0 \\[2ex]
0 & 0 & 0 & 0 & \dfrac{1}{T_P} & -\dfrac{K_\Phi}{T_\Phi} & 0 & 0 \\[2ex]
-\dfrac{\mu(1-K_y)}{R_0}V_1^*\left(1-\dfrac{V_1^*}{R_0}t\right) & -\dfrac{\mu(1-K_y)\bar{V}_P^*}{R_0}\left(1-\dfrac{V_1^*}{R_0}t\right) & \mu K_y & \mu K_y K_1 & 0 & -\mu & 0 & -\mu \\[2.2ex]
0 & 0 & 0 & 0 & 0 & 0 & 0 & 1 \\[1ex]
-\dfrac{\mu(1-K_y)}{R_0}V_1^*\left(1-\dfrac{V_1^*}{R_0}t\right) & -\dfrac{\mu(1-K_y)\bar{V}_P^*}{R_0}\left(1-\dfrac{V_1^*}{R_0}t\right) & \mu K_y & \mu K_y K_1 & 0 & -\left(\mu-\dfrac{d}{a}\right) & -\dfrac{v}{x} & -\left(\mu+\dfrac{d}{a}\right)
\end{bmatrix}
$$

$$B = \begin{bmatrix} \dfrac{\overline{V}_{LI}^{*}}{R_0}\left(1 - \dfrac{V_1^{*}}{R_0}t\right) & 0 & 0 & 0 & 0 \\[2mm] 0 & 0 & 0 & 0 & 0 \\[2mm] 0 & 0 & 0 & 0 & 0 \\[2mm] 0 & 0 & 0 & 0 & 0 \\[2mm] 0 & \dfrac{K_{\Phi}}{T_{\Phi}} & 0 & 0 & 0 \\[2mm] \dfrac{\mu(1 - K_y)\overline{V}_T^{*}}{R_0}\left(1 - \dfrac{V_1^{*}}{R_0}t\right) & 0 & \mu & 0 & 0 \\[2mm] 0 & 0 & 0 & 0 & 0 \\[2mm] \dfrac{\mu(1 - K_y)\overline{V}_T^{*}}{R_0}\left(1 - \dfrac{V_1^{*}}{R_0}t\right) & 0 & \mu - \dfrac{d}{a} & -1 & \dfrac{1}{a} \end{bmatrix}$$

矩阵形式的系统运动学方程具有以下形式：

$$X = AX + BW \tag{1.4.56}$$

至此，当系统以标准形式呈现时，仍然是将飞行试验条件下获得的数据代入矩阵 W 中。在飞行试验过程中，应当记录飞行器在质心周围的波动，之后该信号被送入电路中作为扰动 F。在这种形式下，系统模型能够最充分地反映真实对象的行为。

1.5　空间振荡条件下的飞行器雷达控制算法

安装在飞行器平台上的雷达，通过目标线与视线之间的不匹配信号控制视线的位置。在误差信号用于确定目标线的角速度的情况下，需要补偿飞行器围绕质心振荡所引起的目标方位的增加，目标轴承增量的形式相关性可以作为补偿雷达控制信号分量的算法。此类算法的初始信息是围绕飞行器质心，由陀螺中心或陀螺惯性系统角度传感器发出的当前振荡角度。

首先，获得轴承增量对围绕飞行器纵轴振动的依赖性（见图 1 - 15）。如果方位角不为零，则在飞行器振荡的情况下，绕着雷达万向架的轴线将产生高速干扰和干摩擦力的干扰力矩，这将使视线偏离方向到达目标。

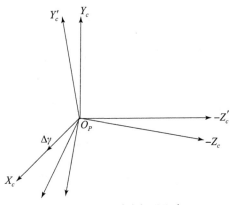

图 1 - 15　振动坐标系示意

为了稳定空间的视线，减少飞行器纵向振动的影响，有必要将信号引入雷达控制定律，借助该信号可以确定目标方位的当前分量，这些分量会随着飞行器的振动而变化，但是信号必须与角度成比例。

$$\Delta\varphi_y = \varphi'_y - \varphi_y, \quad \Delta\varphi_z = \varphi'_z - \varphi_z \tag{1.5.1}$$

式中，当 $\Delta\gamma = 0$ 时，φ_y、φ_z 代表雷达的方位；当 $\Delta\gamma \neq 0$ 时，φ'_y、φ'_z 代表雷达方位角。

为了确定参数 $\Delta\varphi_y$、$\Delta\varphi_z$，需要找到飞行器当前随偏航角偏差 $\Delta\gamma$ 变化的函数。

考虑引入球形三角形 $Y'_c O_P Y_c$，在这个三角形中已知 6 个元素 $\Delta\gamma$，$90° - \varphi_z$，$90° - \varphi_y$，φ'_y，φ'_z，ν。

$$\sin(90° - \varphi_z)\cot\Delta\gamma = \cot\nu\sin(90° - \varphi_y) + \cos(90° - \varphi_z)\cos(90° - \varphi_y) \tag{1.5.2}$$

或

$$\cos\varphi_z\cot\Delta\gamma = \cot\nu\cos\varphi_y + \sin\varphi_z\sin\varphi_y$$

从上式可得到：

$$\cot\nu = \frac{\cos\varphi_z\cot\Delta\gamma - \sin\varphi_z\sin\varphi_y}{\cos\varphi_y} \tag{1.5.3}$$

根据余弦定理，有：

$$\frac{\sin(90 - \varphi_z)}{\sin(90 - \varphi'_y)} = \frac{\sin\Delta\gamma}{\sin\nu} \text{ 或 } \frac{\cos\varphi'_z}{\cos\varphi_y} = \frac{\sin\Delta\gamma}{\sin\nu}$$

从上式可以得到：

$$\cos\varphi'_z = \sin\Delta\gamma\left(\cos^2\varphi_y + \cos^2\varphi_z\cot^2\Delta\gamma + \sin^2\varphi_z\sin^2\varphi_y - 2\sin\varphi_y\cos\varphi_z\cot\Delta\gamma\right)^{\frac{1}{2}}$$

$$\cos\varphi'_y = \cos\varphi_y\cos\varphi_z\left[\sin\Delta\gamma\left(\cos^2\varphi_y + \cos^2\varphi_z\cot^2\Delta\gamma + \sin^2\varphi_z\sin^2\varphi_y - 2\sin\varphi_y\cos\varphi_z\cot\Delta\gamma\right)^{\frac{1}{2}}\right]^{-1}$$

如果 $\Delta\gamma \ll 1°$，那么近似可得：

$$\cos\varphi'_z = \cos\varphi_z - \Delta\gamma\cos\varphi_y$$

同样可以写为

$$\cos\varphi'_z = \frac{\cos\varphi_y\cos\varphi_z}{\cos\varphi_z - \Delta\gamma\cos\varphi_y}$$

从而，可得到以下公式：

$$
\begin{aligned}
\varphi'_y &= \arccos\frac{\cos\varphi_y\cos\varphi_z}{\cos\varphi_z - \Delta\gamma\cos\varphi_y} \\
\varphi'_z &= \arccos\varphi_z - \Delta\gamma\arccos\varphi_y \\
\Delta\varphi_y &= \arccos\frac{\cos\varphi_y\cos\varphi_z}{\cos\varphi_z - \Delta\gamma\cos\varphi_y} - \varphi_y \\
\Delta\varphi_z &= (\arccos\varphi_z - \Delta\gamma\arccos\varphi_y) - \varphi_z
\end{aligned}
\tag{1.5.4}
$$

现在，同时考虑沿航向和俯仰通道的两组分别摆动，然后，为了确定三组分俯仰角 $\Delta\varphi$，使用飞行器绕纵轴振荡时方位增量的研究结果。设 ψ 为当前航向角，ν 为当前俯仰角。借助球形三角形 $O_P Y_c Y'_c$，通过余弦定理可以发现：

$$
\begin{aligned}
\sin\varphi'_y &= \frac{1}{\sqrt{1 + \cot^2\varphi'_y}}, \\
\cos\varphi'_y &= \frac{\cot\varphi'_y}{\sqrt{1 + \cot^2\varphi'_y}}
\end{aligned}
\tag{1.5.5}
$$

经过三角变换，得到：

$$
\begin{aligned}
\sin\varphi'_y &= \sin(\varphi_y - \psi)\left[\sin^2(\varphi_y - \psi) + \cos^2\nu\cos^2(\varphi_y - \psi) + \sin^2\nu\tan^2\varphi_z + \right.\\
&\quad \left. 2\sin\nu\cos\nu\cos(\phi_y - \psi)\tan\varphi_z\right]^{-\frac{1}{2}} \\
\cos\varphi'_y &= \left[\cos\nu\cos(\varphi_y - \psi) + \sin\nu\tan\varphi_z\right]\left[\sin^2(\varphi_y - \psi) + \cos^2\nu\cos^2(\varphi_y - \psi) + \right.\\
&\quad \left. \sin^2\nu\tan^2\varphi_z + 2\sin\nu\cos\nu\cos(\varphi_y - \psi)\tan\varphi_z\right]^{-\frac{1}{2}}
\end{aligned}
$$

对于 $\Delta\psi$，$\Delta\nu$ 较小的情况，可以得到足够精确的近似值：

$$
\begin{aligned}
\sin\varphi'_y &= \sin(\varphi_y - \psi)\left[\sin^2(\varphi_y - \psi) + \cos^2(\varphi_y - \psi) + \right.\\
&\quad \left. \nu^2\tan^2\varphi_z + 2\nu\cos(\varphi_y - \psi)\tan\varphi_z\right]^{-\frac{1}{2}} \\
&= \sin(\varphi_y - \psi)\left[1 + 2\nu\cos(\varphi_y - \psi)\tan\varphi_z + \nu^2\tan^2\varphi_z\right]^{-\frac{1}{2}} \\
\cos\varphi'_y &= \frac{\cos(\varphi_y - \psi) + \nu\tan\varphi_z}{\left[1 + 2\nu\cos(\varphi_y - \psi)\tan\varphi_z + \nu^2\tan^2\varphi_z\right]^{\frac{1}{2}}}
\end{aligned}
\tag{1.5.6}
$$

为了确定沿 Z 轴的当前轴承分量，找到圆弧段 TY，如图 1-16 所示。使用正弦三角形定理，得到以下表达式：

$$\sin\varphi'_z = \sin\varphi_z \sqrt{1 - 2\nu\cos(\varphi_y - \psi)\cot\varphi_z - \nu^2}$$

$$\cos\varphi'_z = \cos\varphi_z \sqrt{1 + 2\nu\cos(\varphi_y - \psi)\tan\varphi_z + \nu^2 yg^2\varphi_z}$$

使用获得的公式计算沿偏航的振荡，用它们代替路线和俯仰中的振荡：

$$\cos\varphi''_y = \frac{\cos\varphi'_y\cos\varphi'_z}{\cos\varphi'_z - \Delta\gamma\cos\varphi'_y}, \quad \cos\varphi''_z = \cos\varphi'_z - \Delta\gamma\cos\varphi'_y$$

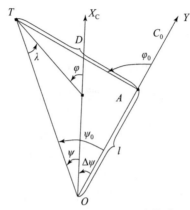

图 1 – 16　偏航振荡角度关系

代入已知的 φ'_y 和 φ'_z，能够得到：

$$\cos\varphi''_y = \left[\cos(\varphi_y - \Delta\psi) + \Delta\nu\tan\varphi_z\right]\cos\varphi_z\left[1 + 2\Delta\nu\cos(\varphi_y - \Delta\psi)\tan\varphi_z + \right.$$
$$\left. \Delta\nu^2\tan^2\varphi_z\right]^{\frac{1}{2}} \cdot \left\{\cos\varphi_z\left[1 + 2\Delta\nu\cos(\varphi_y - \Delta\psi)\tan\varphi_z + \Delta\nu^2\tan^2\varphi_z\right] - \right.$$
$$\left. \Delta\gamma\left[\cos(\varphi_y - \Delta\psi) + \Delta\nu\tan\varphi_z\right]\right\}^{-1}$$

$$\cos\varphi''_z = \cos\varphi_z\left[1 + 2\Delta\nu\cos(\varphi_y - \Delta\psi)\tan\varphi_z + \Delta\nu^2\tan^2\varphi_z\right]^{\frac{1}{2}} - $$
$$\Delta\gamma\left[\cos(\varphi_y - \Delta\psi) + \Delta\nu\tan\varphi_z\right] \cdot \left[1 + 2\Delta\nu\cos(\varphi_y - \Delta\psi)\right. \quad (1.5.7)$$
$$\left. \tan\varphi_z - \Delta\nu^2\tan^2\varphi_z\right]^{-\frac{1}{2}}$$

因此，在飞行器围绕主轴摆动期间，轴承的当前方位角分量为

$$\varphi''_y = \arccos\varphi''_y, \quad \varphi''_z = \arccos\varphi''_z$$

在将雷达放置在距陀螺中心一定距离的情况下，会出现视差错误。为了确定此误差值，考虑使用 OTA 方法。在已知范围内，即在已知雷达与陀螺中心之间的距离以及飞行器轴线与目标线偏离角的情况下，可以找到视线与飞行器轴线的偏离角。使用正弦定理，假设对于较小的 D，OTA 角也非常小，因此 $\sin\lambda = \lambda$，且 $\lambda = \dfrac{l}{D}\sin\psi$。

考虑到关系式 $\varphi = \psi + \lambda$，则可以得到：

$$\varphi = \psi + \frac{l}{D}\sin\psi$$

同样，在考虑三角形 OTA 时，可以得出以下结论：

$$\varphi_0 = \psi_0 + \frac{l}{D}\sin\psi_0$$

由于 $\Delta\varphi = \varphi - \varphi_0$，$\Delta\psi = \psi - \psi_0$，该表达式将采用以下形式：

$$\Delta\varphi + \varphi_0 = \Delta\psi + \psi_0 + \frac{l}{D}\sin\psi_0\cos\Delta\psi + \frac{l}{D}\cos\psi_0\sin\Delta\psi \qquad (1.5.8)$$

经过简单的三角变换，并以小角度乘以飞行器纵轴的偏差，有 $\sin\Delta\psi = \Delta\psi$，$\cos\Delta\psi = 1$，可以得到：

$$\Delta\varphi^P = \Delta\psi\left(1 + \frac{l}{D}\cos\psi_0\right)$$

这里看出，通过足够的近似逼近，可以用视线相对于飞行器轴线的偏离角度来代替飞行器相对于目标线的偏离角度。

类似地，可以对系统视差与俯仰通道的飞行器旋转角度的形式化依存关系进行推导，其形式为

$$\Delta\varphi_z^P = \Delta\nu\left(1 + \frac{l}{D}\cos\phi_0\right) \qquad (1.5.9)$$

通常，由于飞行器围绕其主轴线的振荡，与飞行器相关联的机中雷达轴承的方位角将随角度变化，该角度的表达形式如下：

$$\Delta\varphi_y = \varphi_y'' - \varphi_y + \Delta\varphi_y^n, \quad \Delta\varphi_z = \varphi''_z - \varphi_z + \Delta\varphi_z^n \qquad (1.5.10)$$

或者，用表达式代替轴承的当前方位角，可以得到：

$$\Delta\varphi_y = \arccos\Big[\cos\varphi_z\big[\cos(\varphi_y - \Delta\psi) + \Delta\nu\tan\varphi_z\big]\big[1 + 2\Delta\nu\cos(\varphi_y - \Delta\psi)\tan\varphi_z +$$

$$\Delta\nu^2\tan^2\varphi_z\big]^{\frac{1}{2}}\{\cos\varphi_z\big[1 + 2\Delta\nu\cos(\varphi_y - \Delta\psi)\tan\varphi_z + \Delta\nu^2\tan^2\varphi_z\big] -$$

$$\Delta\gamma\big[\cos(\varphi_y - \Delta\psi) + \Delta\nu\tan\varphi_z\big]\} - 1 - \varphi_y + \Delta\psi\left(1 + \frac{l}{D}\cos\psi_0\right)\Big]$$

$$\Delta\varphi_z = \arccos\Big[\{\cos\varphi_z\big[1 + 2\Delta\nu\cos(\varphi_y - \Delta\psi)\tan\varphi_z + \Delta\nu^2\tan^2\varphi_z\big]^{\frac{1}{2}} -$$

$$\Delta\gamma\big[\cos(\varphi_y - \Delta\psi) + \Delta\nu\tan\varphi_z\big]\}\big[1 + 2\Delta\nu\cos(\varphi_y - \Delta\psi)\tan\varphi_z +$$

$$\Delta\nu^2\tan^2\varphi_z\big]^{\frac{1}{2}} - \varphi_z + \Delta\nu\left(1 + \frac{l}{D}\cos\varphi_0\right)\Big] \qquad (1.5.11)$$

在以上获得的关系式中引入雷达控制定律，则可以补偿视差的误差和飞行器围绕质心的振荡引起的误差。

因此，使用分析方法可以得出由飞行器围绕质心的振荡引起的雷达方位角增量。雷达方位角增量对当前飞行器振荡角的形式化关系可看作一种信号补偿算法。

第 2 章

惯性和雷达导航系统

|2.1 导航系统|

导航是指控制对象从一个点到另一个点运动的过程。导航包括确定对象相对于所选坐标系的状态等一系列操作。

在牛顿运动定律的基础上，利用机载装置测量物体加速度并对其进行积分来确定物体的导航参数，然后控制其运动的方法被称为惯性导航。

在实现该方法的过程中，通常在对象上放置 3 个加速度计，其沿相应的定向轴测量目标对象的加速度分量。为了设置加速度计所需的方向，需要将它们安装在陀螺稳定平台（GSP）上，集成来自加速度计的信号后，获得关于运动速度和距离的信息。实现伴随三面体的 GSP 建立在两个或三个两相陀螺仪的基础上。

GSP 和加速度计的组合称为惯性导航系统（INS）。

由于陀螺仪和加速度计存在误差，这导致在确定物体的加速度和位置时会产生误差。通过使用外部信息源可以完成对 INS 误差的补偿。在实际应用中，通常使用的是最完整的误差补偿方案，即使用估算法，这能够显著提高 INS 的精确度。

例如，卫星无线电导航系统（GPS）、多普勒速度和漂移角度计（DISS）等被用作外部信息源。外部信息源容易受到主动干扰的影响，特别是在敌人的领土内，必须提供特定的操作模式，即在 INS 和 GPS（DISS）联合操作一段时间之后，进入 INS 持续自主工作时段。在 INS 的自主工作过程中，其误差不断累积，因此，建议使用预测算法来补偿这些误差。在校正飞行过程中，测量用于建立 INS 的误差模型，然后将该模型应用于 INS 自主工作条件下的预测。为了提高导航信息的准确性，也经常使用导航系统中的各种飞行器测量系统。

组成导航系统的各分系统在精度特性方面存在显著差异。在导航系统的长时间运行中，由导航卫星系统确定的信息具有比较高的可靠性，而包括 INS、DISS 和气压高度表等的导航系统具有相对较低的精度。

当执行飞行器的给定任务时，可以改变给定外部信息源的数量。导航系统的组成能够随机改变，也可以由飞行任务确定。例如，当飞行器在卫星覆盖区域外飞行时，在卫星被击落或失去工作能力的情况下，有必要重新建立导航系统结构，并使用余下可运行的系统获得导航信息。

另外，由飞行任务确定的导航系统的组成变化是预先已知的，因此可以以编程方式改变结构。

DISS 通常用于校正 INS。在 DISS 中，通过测量从地球表面反射信号的多普勒频移来确定飞行速度。为了完全确定地面速度矢量，需要知道至少 3 个非共线移动光束的分量。因此，DISS 通常具有 3 个或 4 个不同相对取向的光束。

DISS 的误差取决于许多因素。其中最重要的是由地表面变化（如森林、山脉、林场等）引起的误差。当飞行器飞越水面时，DISS 的误差在很大程度上取决于反射无线电波的地表面状态，DISS 的最不利条件是飞行器在光滑的水面上飞行，来自不平静水面的信号的反射伴随着由水面的移动以及在风的作用下表面层的运动引起的误差。

DISS 对飞行高度有限制。飞行器从 DISS 稳定运行区域的短暂退出会带来误差，甚至在雨区或其上方飞行时也会产生误差。飞行器可以相对于雨量而不是地球地面来测量飞行速度，同时风的存在也可能导致 DISS 产生误差。

所有上述因素导致 DISS 产生误差，使人们能够总结出误差变化的性质。各种干扰因素的作用结果可以通过随机白噪声类型过程建模得到。

2.2　导航系统的分类

导航系统的类型可以根据系统中使用的敏感元件、作用原理以及精度特性等划分。其中，基于陀螺稳定原理的导航系统使用最为广泛。在导弹技术中通常使用的是三自由度陀螺仪，这是因为其结构简单，密度大，并且在实践中得到了很好的应用。自由陀螺仪安装在地对空导弹上，通过最简单的校正算法可以补偿这种陀螺仪的误差。然而，在导弹技术发展的现阶段，需要补偿飞行器在复杂运动条件下产生的特殊类型的陀螺仪误差。

关于飞行器相对于参考坐标系的角定向信息由两个自由陀螺仪模块获取，且通过位于陀螺仪悬架轴上的角度传感器输出。

在飞行期间，飞行器可以进行各种机动，这会使陀螺仪的内部和外部框架失去正交性。围绕与陀螺仪的外框架的悬架轴线重合的轴线旋转，会导致飞行器的轴线与角度传感器所在的内框架发生失准，从而引起飞行器方位信息的失真。

另一种常用类型的导航系统是基于两个或三个两自由度陀螺仪的角速度传感器单元。基于 3 个具有正交测量轴的二自由度差分陀螺仪的角速度测量系统已经在飞行器运动的自动控制系统中得到广泛应用，特别是用于飞行器的自动角度稳定系统中。差分陀螺仪的显著缺点是依赖于飞行器的复杂运动引起的角速度误差，通过引入成对的陀螺仪可有效地减小这种误差，但这种方法同时会导致系统质量的增加，以及出现由成对陀螺仪悬架轴铰接处的摩擦引起的其他误差。

目前，最常见的导航系统是 GSP 系统。GSP 系统的任务是控制和稳定特殊的机载仪器，如机载雷达天线、测向仪的敏感元件、坐标方位仪、航空摄影设备、加速度计等。GSP 将物体稳定保持在空间的给定方向上。

GSP 可以构建在各种类型的陀螺仪上：激光和静电陀螺仪，动态调谐、浮动陀螺仪和其他陀螺仪。GSP 由于所使用的陀螺仪类型以及平台的设计而存在误差。不同类型的陀螺仪中固有的特定误差被成功地补偿，与残余（补偿后）误差相比，现代系统中 GSP 的动态漂移数值较大，通常不需要进行补偿。

在设计用于靠近地球表面的长距离飞行系统中，广泛使用 INS。INS 的主要优点是其水平加速度具有不变性。然而，陀螺仪、加速度计以及其他干扰因素的漂移会引起较大的 INS 的误差值。

可以通过获取更多的信息来提高 INS 的精度，这些相对于 INS 的外部信息可以来自不同的传感器和系统。根据结构类型的 INS 分类如图 2 - 1 所示。根据不同信息使用方法的 INS 分类如图 2 - 2 所示。

无平台 INS［即捷联 INS（SINS）］是为了获得关于所选坐标系的导航信息，它借助关于轴承对象的线加速度和角速度的信息，基于舒勒周期建立数学摆锤模型。SINS 可以包括加速度计，其被固定安装在飞行器上或根据给定的规律移动，也可包括加速度计和测量计，以及角速度测量计。

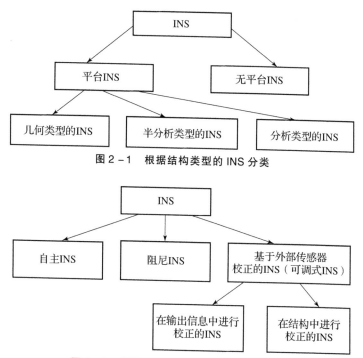

图 2-1　根据结构类型的 INS 分类

图 2-2　根据不同信息使用方法的 INS 分类

SINS 相比于平台 INS 的优点通常被认为是可靠性更高、操作更方便和成本更低。尽管对加速度计和陀螺仪的精度特性要求较高，但由于 SINS 的敏感元件直接固定在机身上，因此飞行器处于极其恶劣的工作条件下。

通过加速度计和陀螺仪可以构建不同的 SINS，其中最引起人们兴趣的系统包括 6 个加速度计，或 3 个加速度计和 2 个三自由度陀螺仪。另外，在实践过程中必须使用高精度的加速度计和陀螺仪来构建 SINS，以防止误差的迅速累加，且为了满足机上执行大量的计算需求，飞行器需要装备高速计算机。从原理上创造新类型的陀螺仪和高效率机载计算机的广泛应用，为设计出更为安全经济的 INS 提供了可能，其中 INS 的敏感元件直接安装在飞行器的机身上。

在实际应用中，各种类型的陀螺仪，如激光、光纤、静电悬浮、压电、振动 - 共振等陀螺仪被用于构建 SINS。在重型无人机领域使用最广泛的是基于激光陀螺仪（LG）的 SINS。在 SINS 中，激光陀螺仪——包括环形、差分和光纤激光陀螺仪可用作飞行器的角运动传感器[22]。这里介绍环形激光陀螺仪（ALG）。环形激光陀螺仪的敏感元件是一个带有环形谐振腔的激光器，它产生两个独立的相反方向的行波，行波的频率由惯性空间中环行谐振器的旋转速度决定。反射波的频率与角速度成比例，根据它与行波频率的差值能够直接确定旋转参数。因此，环形激光陀螺仪的主要组成部分为一个环形谐振器，它是一个形成闭环的镜面反射系统，作为辐射源的激光位于其内部，而反射面是各种形状的反射镜和全反射内棱镜。

环形激光陀螺仪具有不同的结构，在一些结构中，使用石英块或玻璃管用于环形谐振器，同时起传递激光光束的作用。为了测量激光陀螺仪中的频率差，将一小部分激光射线通过其中一个反射镜发射，在辅助反射镜和棱镜的帮助下，迎面的光线相结合并在读取区中形成干涉图案。

在没有旋转的情况下，当两条激光射线的频率相等时，干涉条纹相对于观察者是静止的。当环形激光陀螺仪旋转，且两个光束的频率不同时，干涉条纹相对于观察者以与频率差成比例的速度移动，移动的方向由旋转的方向确定。每个频带移动的分段对应频率差的积分，因此与旋转角度的增量成正比。信息的测量是通过计算每个方向上通过的干涉条纹的数量，并根据符号对其求和来进行的。

当干涉条纹移动时，形成一个正弦信号，其周期与干涉带相对于二极管移动的周期相同。根据该具有超前相位的信号，确定旋转方向并将信号输入机载计算机。通常，一个脉冲对应于干涉图案的一个条纹移动。

飞行器在低角速度飞行时，会产生"死区"，即非敏感区。通过机械方法和基于磁光法拉第或克尔效应引入非互逆元件的方法可以减少"死区"。机械方法包括使用陀螺仪外壳的机械振荡，其频率为 150 kHz，并且相对于陀螺仪的测量轴具有小振幅。

使用非互逆元件——法拉第位移元件，可以得到两个大小相等但符号相反的光束相位。使用横向磁光克尔效应的方法等同于使用"磁镜"，当光束与垂直于光束平面的反射镜相互作用时，光束的旋转场将会引起一个光束的相位提前和另一个光束相位的延迟。没有旋转的零件是环形激光陀螺仪的显著特征，并且是其一大优势，环形激光陀螺仪的优势还在于其可测量角速度的范围较大，并且对加速度和过载不敏感，可靠性高，使用寿命长，准备时间短，功耗低。

差分激光陀螺仪（DLG）是一个双环形激光陀螺仪。在同一谐振器单元中分别设两个单独操作的环形激光陀螺仪，一个环形激光陀螺仪的光束向右，另一个环形激光陀螺仪具有圆形偏振。为了消除"死区"，可以使用相同的法拉第元件。

差分激光陀螺仪的主要优点在于其灵敏度可以提高两倍；由于相关误差的相互破坏，测量噪声降低；由于加热速度快，准备工作时间更短；对环境条件变化的敏感性较低。具有镜面系统的光学谐振器可以用圆形光纤谐振器代替。

与环形激光陀螺仪相比，光纤陀螺仪无敏感区，用固态激光器取代需要真空平面和高压的气体激光器。光纤陀螺仪拥有更小的尺寸，同时能够保持足够大的光路长度。

SINS 自身具有方法和仪器误差。其主要缺点是随着时间的推移，这些误差值也在增加。为了提高 SINS 的精度，通常使用一些外部导航信息传感器，飞行器的 SINS 校正通常是在 GPS 的帮助下进行的。然而，由于信息传输信道的低噪声抗扰度，GPS 信号也包含由此产生的误差，因此，SINS 和 GPS 信号要在机载计算机上进行联合处理。SINS 和 GPS 信号的对比允许人们将这些系统的混合误差区分出来，利用估计算法将系统误差和 GPS 误差都过滤掉，由于 GPS 和 SINS 的信号具有不同的物理性质，所以可以从误差的混合中提取与 SINS 误差成比例的信号。SINS 信号具有低频特性，并且 GPS 信号包含明显的高频分量，在 GPS 的估计误差算法中，GPS 误差被视为测量噪声并被抑制。根据估计算法的输出，与 SINS 误差成比例的信号成为 SINS 的输出信号，然后通过代数计算从与飞行器的位置和速度成比例的信息信号中减去。因此，使用 SINS 可获得校正后的导航信息。

按照加速度计测量轴在空间中的方向，GSP 中的 INS 可以根据几何、半分析和分析运动学方案来实现。

基于几何方案构建的 INS 具有加速度计，其测量轴定向在地理坐标系中。当承载物体在局部地平线的平面中移动时，INS 旋转，而陀螺稳定器轴在惯性空间中的角度保持不变。在惯性空间中，加速度计测量轴相对于陀螺稳定器以某角速度旋转，该角速度等于地球的旋转速度和承载对象的相对运动速度。

在分析类型的 INS 中，在惯性空间中固定的坐标系以角度定义实现，相对于该坐标系，动态对象的导航参数的所有计数都被执行。使用分析类型的 INS 时对机载计算机的要求要高于基于几何方案构建的 INS。

用于构建 INS 的最常见方案是半分析方案。该方案的特点在于坐标系统存储在机载计算机中，并且伴随的三面体通过具有加速度计的 GSP 实现。加速度计的灵敏度轴相对于地球表面测地线、自由方位角或地理坐标系的轴线定向。GSP 水平位置和所选择的方位角通过将系统的周期调整为等于舒勒周期的 84.4 min 来实现。在这种情况下，系统对载体对象的水平加速度具有不变性。

根据半分析方案构建的 INS，可以实施在 3 个两自由度陀螺仪或 2 个三自由度的陀螺仪的基础上，来自加速度计的信号整合后可得到关于动态对象的速度信息，通过双重积分循序可以确定沿各自轴行进的距离。

在 INS 结构中，根据使用条件，可使用各种敏感元件。浮子、静电、动态调谐的陀螺仪，以及已经提到的激光陀螺仪和其他类型的陀螺仪被广泛用于构造 GSP。INS 的主要敏感元件是加速度计，其也有各种不同的结构类型。通过对敏感元件的组合可获得具有不同性质的 INS，其也具有多种质量特性。例如，粗糙的 INS 包括单轴摆锤加速度计，它被安装在带指示器稳定的 GSP 上，基于两个具有内部万向节并且动态可调的陀螺仪实现。但由于这种系统精度不高，通常通过从其他测量系统获得额外的外部信息来提高其精度。

如前所述，根据使用信息的方式，INS 可被分为自主 INS、阻尼 INS、基于外部传感器校正的 INS（可调式 INS）。

自主 INS 的主要优点是其对水平加速度的不变性。然而，对于自主 INS，由陀螺仪漂移、零偏移和加速度计漂移，以及其他干扰因素引起的误差较大。

通常，可以通过引入更多的信息来提高 INS 精度，引入的信息一般来自 INS 以外的各种传感器和系统。除了速度传感器之外，还可使用位置传感器，例如，无线电测向仪被广泛用作位置传感器。"Laurent" 系统是海上和航空航行中使用的最著名的无线电导航系统之一，"Laurent" 系统作用在其所经过的区域轨迹一部分上，可以提供关于位置的连续信息，并且其输出信号可以与 INS 的输出信号组合使用。

在其他 INS 中，最准确的是天文 INS。为了获得动态物体的导航参数，天文 INS 要么安装在一个 GSP 上，该平台集成了地平校正和舒勒周期调整；要么安装在一个跟踪 GSP 轴位置的万向节悬架平台上，在这种情况以及其他情况下，GSP 轴的方向误差会影响借助天文 INS 所获得导航信息的准确性。

使用不同的算法校正来自外部信息源的 INS 可以显著减少所接收的导航信息的误差。作为使用校正导航信息算法的示例，这里简要介绍一个带有外部信息源的 INS，其中使用了多普勒测速与偏差角测量仪（DAMI，以下简称为"偏差角测量仪"）。

为了对输出信息进行最完整的误差补偿，有必要预先估计 INS 的误差。考虑到偏差角测量仪仅能够测量速度，因此需要根据速度误差的可用信息估计陀螺仪的角度和漂移误差。使用最优估计算法可以估计这些参数的测量误差，对于可观测的 INS 估计这些参数的测量误差，通过估计算法计算系统的所有误差。

估计算法的输入信号是使用 INS 和偏差角测量仪测量速度的差值。INS 的误差构成系统的状态矢量，包括速度误差、陀螺仪的角度和漂移误差，而偏差角测量仪的误差则代表所测量的噪声。

在对估计算法的输出进行处理之后，获得状态向量的估计值，即可以评估所有观察到的 INS 误差。另外，INS 误差的估计值是从 INS 输出信号中以代数方式减去的，其由关于对象的速度、位置的可靠信息和 INS 误差等信息组成。因此，在输出信号中，确定导航参数时需要对 INS 误差进行补偿。

INS 误差的评估可以在调节器中使用，以补偿 INS 结构中陀螺仪的速度、角度和漂移的误差，从而减小误差振荡的幅度并改善瞬态过程的质量。

20 世纪 70 年代初，实践显示，当时服役于美国陆军的 TRANSIT 卫星导航系统存在明显的缺陷：

（1）坐标确定的精度相对较低；

（2）观测的时间间隔很长。

为了克服这些缺点，美国决定着手研制新一代卫星导航系统。最初它被称为 NAVSTAR，即"提供时间和位置测量的卫星导航系统"（现在也有另一个名称：GPS NAVSTAR）。NAVSTAR 主要用于军事设施的高精度导航。

目前，两个卫星无线电导航系统（SRNS）、全球卫星导航系统（GLONASS，俄罗斯）和全球定位系统（GPS NAVSTAR，美国）正在轨有效运作。

GLONASS 旨在确定海洋、空中、陆地和其他类型用户的位置、速度和准确时间。GLONASS 由 3 个子系统组成：航天器子系统（SSC）、监测和控制子系统（SMC）、用户导航设备（SAC）。

GLONASS 的航天器子系统由 24 颗圆形轨道的卫星组成，卫星轨道高度为 19 100 km。监测和控制子系统可以通过导航区域，提供连续的全球表面和近地空间覆盖。

监测和控制子系统由 GLONASS 控制中心和遍布俄罗斯所有地域的测量、控制和监测站网络组成。监测和控制子系统的任务包括监测自身功能的正确性，不断改进轨道参数以及向卫星发布临时程序、控制命令和导航信息。

用户导航设备包括导航接收器和处理设备，用于接收来自 GLONASS 卫星的导航信号并计算坐标、速度和时间。

测量和接收导航消息的处理结果，用来确定用户的 3 个坐标及其移动速度的 3 个矢量分量。卫星导航系统（SNS）GLONASS 和 GPS 中的卫星导航设备（ASN）所测量的无线电导航参数（RNP）为伪距和径向伪速度，并且它们的无线电模拟信号是导航信号的延迟和在给定时间间隔内其载波频率相位的增量。GLONASS 和 GPS 中的 RNP 测量误差来源如下：

（1）导航卫星的星历知识错误，其由卫星的实际轨道与预测的轨道之间的差异确定，该数据在导航信息中被传输给用户。

（2）关于导航卫星的机载时间尺度（OTS）相对于导航系统的时间（系统时间尺度 – 美国）的偏离误差，由该导航卫星的 OTS 与预测的 OTS 的实际偏离之间的差异确定，其包含在导航信息中。

（3）ASN 接收机中的误差由导航无线电噪声引起，如接收机中 RNP 测量过程的离散特性、模拟接收机模块中不同导航卫星的导航信号的群延迟时间差异、导航信号的传播条件（电离层、对流层、多路径效应）。导航系统时频支持中的误差来自验证和存储导航系统机载时标的非优化程序，它们表现在例如发射的测距代码和时间标记的相移中，从而导致测量到卫星的距离和计算其坐标时产生的误差。

另外，可以通过位于导航系统上参考振荡器的频率稳定性特性，以及其设备中的延迟来确定 OTS 的偏移。考虑到由于卫星和用户位置处的重力势差异和变化以及它们的速度差异，在相对论和重力效应（RGE）方面能够实现 SRNS 的高精度特性。如果忽略中等高度 SRNS 的这些特征会带来 HBO 误差，为了实现包括确定时间和频率的精确非询问式测量方法，需要考虑以下 RGE：横向多普勒效应、重力频移、重新计算发射和接收时间相关的效应、所用坐标系的旋转等。

通过使用对用户 OTS 的适当修正对未补偿的 RGE 进行校正，且该修正是基于导航系统的先验数据计算得到的。

而通过导航时间确定的星历误差是由确定测量中导航系统轨道参数的不准确性和相对于外推轨道不可预测的偏移引起的。在 GLONASS 中，引入测量系统和导航系统的星历误差的总参数包括卫星时钟误差、星历等。

从卫星上发送的时频校正和星历的可靠性，还取决于从它们写入星载计算机的存储器中所经历的时间。在日食和轨道修正期间，误差可以达到较大值。

另一类测距误差是卫星设备中导航信号的群延迟，即输出的导航信号与输出的机载时间和频率标准信号之间的延迟。用于补偿系统组件的群延迟信息包含在导航系统的服务消息中，并且随机组成部分包含在测距误差值中。这组误差是由对地球大气层中无线电波传播条件的不准确掌握所引起的，对流层和电离层对无线电导航系统中的导航测量质量有显著影响，会导致附加的由卫星信号通过地球大气层折射造成的信号延迟。

其中，对流层中 SRNS 信号的折射是由其不均匀性和介电常数变化引起的，同时，折射率也随高度变化。

对于现代的 GLONASS 和 GPS 类型的导航系统，对于其工作的波长范围，通过对流层的折射并不依赖于信号的频率，因此，不使用双频方式的延迟补偿。对流层引起的误差值取决于已知和预测的因素，例如导航系统的坐标，以及空气温度、压力和湿度等。

由于大气中无线电信号通过的路程很长，对流层和电离层的折射值在卫星的小仰角处达到最大值。

SRNS 用户设备的接收天线不仅接收来自导航卫星的直接信号，还接收来自地球和海洋表面以及诸如建筑物的各种物体的多个反射信号，反射信号的程度可以与直接信号相比拟，但这将导致有效信号的较大失真。多路径传播引起的误差取决于卫星、接收天线和反射物体之间的相对位置；由用户设备引起的距离误差主要取决于噪声和动态误差。所以，导航系统和用户之间的相互位置对于确定 SRNS 信息的用户导航参数时的错误有明显的影响。

为了实现导航功能的高精度定义，一般选择用户的工作导航星座。对于导航系统来说，最优的方位是用户处于卫星组成的正四面体中心。GPS 在 4 个或更多卫星范围内提供任意 24 h 内全球工作区域的可视性。

2.3　自主导航系统的误差

INS 的误差可分为两种类型：方法学误差和仪器误差。

INS 的方法学误差归因于所使用的测量方法。其对应的通常是诸如地球引力场的结构和参数的不准确性，以及地球形状的数值不确定性引起的误差，这里还应该包括简化算法所导致的错误。但是，在一般情况下，方法学误差的主要部分都能够得到有效的补偿。

惯性传感器和计算设备的误差会导致仪器误差，例如陀螺仪的随机漂移、陀螺仪和加速度计的传感器比例系数的不稳定性，以及信息的传输误差等。另外，许多其他误差来自结构和工艺因素：惯性传感器的基座安装过程中产生的误差，以及万向悬架在重力场中的变形或悬挂材料的老化导致基座相对位置的不稳定性。最后一类误差来源于初始校准的错误，包括外部信息的不准确性以及 INS 中该信息的输入设备引起的错误。

根据自主 INS 对某些干扰因素的反应，可以得出一系列有关 INS 误差性质的结论。

零信号是指，由于某种原因信号出现在加速度计输出端，而实际上在相应的时间段没有产生任何加速度。该信号通常具有较小的值，具有舒勒周期的波动并且可能导致较明显的误差。

在加速度计误差与当下工作时间成比例变化的情况下，INS 的误差可以表示为随时间增加并且叠加在其上的正弦分量。

当考虑第一积分器的误差而确定行进的路程时，INS 的误差可看作具有舒勒频率的正弦振荡。同样，当确定已行进的路程时，主要影响 INS 总误差的因素来自陀螺仪的漂移速度，陀螺仪的系统漂移速度导致 INS 误差的分量随时间增加，以及具有舒勒周期的振荡分量。导致 INS 误差的漂移速度随时间增加，而且也可以表示为两个分量：第一部分分量与 INS 的操作时间的平方成比例地变化，第二部分分量则以舒勒周期振荡。

最后，INS 相对于地平面的不准确校正所导致的 INS 误差是具有舒勒周期的正弦振荡。

下面推导 INS 的误差方程。

假设参考坐标系 $\xi\eta\xi$ 构建在 GSP 系统上，而实际上由于误差的存在，加速度计的轴沿着其他轴定向。

引入以下符号定义：

f_x，f_y，f_z——GSP 的绝对角速度在其自身轴上的投影；

f_ξ，f_η，f_ξ——伴随三面体的绝对角速度在其自身轴上的投影；

α，β，γ——GSP 相对于参考坐标系的失准角。

自主 INS 的误差方程包括方位误差方程和水平加速度计的误差方程。这些方程可以写为下式：

$$\delta\dot{V}_x = a_y\psi - g\beta + \left(\frac{V_x}{R}\tan\varphi + 2u\sin\varphi\right)\delta V_y + \frac{V_y}{R}\tan\varphi \cdot \delta V_x +$$

$$\left(\frac{V_x V_y}{R}\sec\varphi + 2V_y u\cos\varphi\right) + \Delta V_x$$

$$\delta\dot{V}_y = g\alpha - a_x\psi - 2\left(\frac{V_x}{R}\tan\varphi + u\sin\varphi\right)\delta V_x + \left(\frac{V_x^2}{R}\sec^2\varphi + 2V_x u\cos\varphi\right)\delta\varphi + \Delta V_y$$

$$\dot{\alpha} - \left(\frac{V_x}{R}\tan\varphi + u\sin\varphi\right)\beta + \left(\frac{V_x}{R}\tan\varphi + u\cos\varphi\right)\psi = \varepsilon_x - \frac{\delta V_y}{R}$$

$$\dot{\beta} + \frac{V_y}{R}\psi + \left(\frac{V_x}{R}\tan\varphi + u\sin\varphi\right)\alpha = \varepsilon_y + \frac{\delta V_x}{R} - u\sin\varphi\delta\varphi$$

$$\dot{\psi} - \left(\frac{V_x}{R}\tan\varphi + u\cos\varphi\right)\alpha - \frac{V_y}{R}\beta = \varepsilon_z + \frac{\delta V_x}{R}\tan\varphi + \left(u\cos\varphi + \frac{V_x}{R}\sec^2\varphi\right)\delta\varphi$$

$$\delta\dot{\varphi} = -\frac{\delta V_y}{R}$$

$$\delta\dot{\lambda} = \frac{\delta V_x}{R\cos\varphi} + \frac{V_x\tan\varphi}{R\cos\varphi}\delta\varphi \tag{2.3.1}$$

式中，a_x，a_y 为飞行器的加速度分量；δV_x，δV_y 为定义飞行器地面速度的误差分量；V_x，V_y 为地面速度分量；ΔV_x，ΔV_y 为水平加速度计的仪器误差；u 为是地球的旋转速度；φ，ψ 为所处位置的纬度和方位角，$\delta\varphi$，$\delta\psi$ 为定义飞行器系统纬度和方位角的误差；R 为地球的半径；g 为重力加速度；ε_x，ε_y，ε_z 为

GSP 在其自身轴上漂移速度的投影。

实际上，在算法软件的开发过程中通常使用自主 INS 的简化误差方程。例如，这些方程可写作式（2.3.2）[16]：

$$
\begin{cases}
\delta\dot{V}_x = a_y\psi - g\beta + \Delta\dot{V}_x \\[2mm]
\delta\dot{V}_y = g\alpha - a_x\psi + \Delta\dot{V}_y \\[2mm]
\dot{\alpha} = \varepsilon_x - \dfrac{\delta V_y}{R} + f_z\beta - f_y\psi \\[2mm]
\dot{\beta} = \varepsilon_y + \dfrac{\delta V_y}{R} - f_x\alpha + f_x\psi \\[2mm]
\psi = \varepsilon_z + \dfrac{\delta V_x}{R}\tan\varphi + f_y\alpha - f_x\beta \\[2mm]
\dot{\varepsilon}_x = -\mu\varepsilon_x + \omega_x(t) \\[2mm]
\dot{\varepsilon}_y = -\mu\varepsilon_y + \omega_y(t) \\[2mm]
\dot{\varepsilon}_z = -\mu\varepsilon_z + \omega_z(t)
\end{cases}
\tag{2.3.2}
$$

式（2.3.2）中最后 3 个等式代表滤波器的形成，即描述 GSP 漂移速度变化的数学模型。式中，ω_x，ω_y，ω_z 是外部摄动作用；μ 代表漂移随机变化的平均频率。

式（2.3.2）的矩阵形式可以写为

$$
\dot{x} = Ax + \omega \tag{2.3.3}
$$

式中，

$$
x = \begin{bmatrix} \delta V_x & \delta V_y & \alpha & \beta & \psi & \varepsilon_x & \varepsilon_y & \varepsilon_z \end{bmatrix}^{\mathrm{T}}
$$

$$
\omega = \begin{bmatrix} \Delta\dot{V}_x & \Delta\dot{V}_y & 0 & 0 & 0 & \omega_x(t) & \omega_y(t) & \omega_z(t) \end{bmatrix}^{\mathrm{T}}
$$

$$
A = \begin{bmatrix}
0 & 0 & 0 & -g & a_y & 0 & 0 & 0 \\[2mm]
0 & 0 & g & 0 & -a_x & 0 & 0 & 0 \\[2mm]
0 & -\dfrac{1}{R} & 0 & f_z & -f_y & 1 & 0 & 0 \\[2mm]
\dfrac{1}{R} & 0 & -f_z & 0 & f_x & 0 & 1 & 0 \\[2mm]
\dfrac{\tan\varphi}{R} & 0 & f_y & -f_x & 0 & 0 & 0 & 1 \\[2mm]
0 & 0 & 0 & 0 & 0 & -\mu & 0 & 0 \\[2mm]
0 & 0 & 0 & 0 & 0 & 0 & -\mu & 0 \\[2mm]
0 & 0 & 0 & 0 & 0 & 0 & 0 & -\mu
\end{bmatrix}
$$

在离散形式中，由于 f_x，f_y，f_z 为小量而可以忽略，同样可以忽略加速度计的仪器误差，可以得到：

$$\boldsymbol{x}_k = \boldsymbol{\Phi}\boldsymbol{x}_{k-1} + \boldsymbol{\omega}_{k-1}$$

$$\boldsymbol{x}_k = \begin{bmatrix} \delta V_{xk} & \delta V_{yk} & \alpha_k & \beta_k & \psi_k & \varepsilon_{xk} & \varepsilon_{yk} & \varepsilon_{zk} \end{bmatrix}^{\mathrm{T}}$$

$$\boldsymbol{\omega}_{k-1} = \begin{bmatrix} B_x & B_y & 0 & 0 & 0 & \omega_{xk-1} & \omega_{yk-1} & \omega_{zk-1} \end{bmatrix}^{\mathrm{T}}$$

$$\boldsymbol{\Phi} = \begin{bmatrix} 1 & 0 & 0 & -gT & f_y T & 0 & 0 & 0 \\ 0 & 1 & gT & 0 & -f_x T & 0 & 0 & 0 \\ 0 & -\dfrac{T}{R} & 1 & 0 & 0 & T & 0 & 0 \\ \dfrac{T}{R} & 0 & 0 & 1 & 0 & 0 & T & 0 \\ \dfrac{T}{R}\tan\phi & 0 & 0 & 0 & 1 & 0 & 0 & T \\ 0 & 0 & 0 & 0 & 0 & 1-\mu T & 0 & 0 \\ 0 & 0 & 0 & 0 & 0 & 0 & 1-\mu T & 0 \\ 0 & 0 & 0 & 0 & 0 & 0 & 0 & 1-\mu T \end{bmatrix}$$

$$(2.3.4)$$

在以上公式中，δV_x，δV_y 为 INS 确定速度时的误差；φ 为纬度位置，φ_x，φ_y，φ_z 为 GSP 相对于伴随的三面体的偏离角；ε_x，ε_y，ε_z 为 GSP 的漂移速度；R 为地球的半径；g 为重力加速度；f_x，f_y 是装有 INS 物体的水平加速度；B_x，B_y 为加速度计的零偏。

如果忽略各误差项之间的相互联系，则可以分别为每个信息通道写出 INS 的误差方程。在这种情况下，对于任一水平信息通道，INS 的误差方程为

$$\boldsymbol{x}_k = \boldsymbol{\Phi}\boldsymbol{x}_{k-1} + \boldsymbol{G}\boldsymbol{W}_{k-1}$$

式中，

$$\boldsymbol{x}_k = \begin{bmatrix} \delta V_k \\ \varphi_k \\ \varepsilon_k \end{bmatrix}, \qquad \boldsymbol{\Phi} = \begin{bmatrix} 1 & -gT & 0 \\ \dfrac{T}{R} & 1 & T \\ 0 & 0 & 1-\beta T \end{bmatrix}$$

$$\boldsymbol{W}_{k-1} = \begin{bmatrix} B \\ 0 \\ \omega_{k-1} \end{bmatrix}, \qquad \boldsymbol{G} = \begin{bmatrix} T & 0 \\ 0 & 0 \\ 0 & AT\sqrt{2\beta} \end{bmatrix} \qquad (2.3.5)$$

式（2.3.4）可表示为如下形式：

$$x_k = \boldsymbol{\Phi} x_{k-1} + W_{k-1} \qquad\qquad (2.3.6)$$

因此，INS 的误差方程可通过离散形式获得，并且方便在以后的算法开发中使用。

仪器误差又分为加速度计误差，积分器、陀螺仪和 GSP 校对的误差。当 INS 以足够长的时间间隔运行时，误差可能达到未允许的较大值，因此，有必要通过各种外部导航信息源来校正 INS，或者使用系统的内部关系来补偿误差。

用于补偿系统的内部关系引起的自主 INS 误差的算法是众所周知的，且已经得到了足够的研究开发和应用。配备有类似算法的 INS 还具有由各种扰动因素引起的残余误差，这与由 GSP 的动态漂移引起的误差类似。

从这方面来看，有必要补偿自主 INS 的动态误差，而且尽可能需要对使用已知算法补偿后的残余误差进行处理和补偿。

因此，在飞行任务涉及自主飞行的情况下，INS 的校正仅使用内部信息来执行。所以说，在飞行器处于自主导航模式的情况下，只使用内部信息的 INS 校正方法或者在 INS 的校正操作模式中获得信息的方法。

2.4　可调式导航系统

最简单的 INS 校正方案是通过 DISS 信号抑制系统自身的振荡，校正信号由 INS 和 DISS 测量出来，然后以速度差的形式产生，并且与相应的系数一起用于第一积分器的输入和输出端。该方案易于实施，在实践中得到了很好的验证和应用。

当校正信号施加到第一积分器的输入端时，系统的自然振荡周期保持为舒勒周期，即瞬态过程被缩短。将校正信号应用于第一积分器的输入和输出端可以大大减少系统自身振荡的阻尼时间。

与自主 INS 的误差相比，随自身频率变化的阻尼 INS 误差要小得多。然而，通过这种方法不可能完全消除它们，因为阻尼 INS 的误差取决于系统工作的时间 t 和 t^2。

在形成的可调信道中如果使用不同的传递函数，根据其实现控制信号，能够显著降低 INS 误差的水平，并且可以完全消除其中一部分。

通常，在串行可调的 INS 中，在校正信道中的传递函数选择为 $W_1(S) = 1$，

$W_2(S) = 1$ 的形式。在这种情况下，由于陀螺仪的系统漂移速度影响、加速度计增加的误差以及外部高速信息源的系统误差影响，INS 误差具有随着工作时间而增加的特性。而由于第二积分器带来的误差，恒定的加速度计误差和安装误差引起的 INS 误差具有系统性质。

在具有传递函数的链路校正链中，

$$W_1(S) = 1, \quad W_2(S) = 1 + \frac{k_{21}}{S} \qquad (2.4.1)$$

在具有传递函数的校正链中的应用可以排除 INS 的干扰因素，如加速度计系统误差和安装误差的影响。INS 对增加的加速度计漂移和陀螺仪的系统漂移的响应也是行进路程的系统误差。由外部信息源的系统误差影响引起的 INS 误差随时间而增加。

若引入控制信号到积分校正电路，则可以明显地减少 INS 的总误差，但是由外部信息源的误差引起的误差仍然存在。

同样，在用于具有传递函数的 INS 链接的校正链的情况下，

$$W_1(S) = 1, \quad W_2(S) = 1 + \frac{k_{21}}{S} + \frac{k_{22}}{S} \qquad (2.4.2)$$

只有增加陀螺仪的漂移和外部信息源的系统误差才会影响系统的误差。在这种情况下，由陀螺仪的漂移增加引起的人工神经网络的误差是静态的，并且由外部信息源的静态误差引起，随着时间的推移仍然增加。这个误差占主导地位，并且通过选择传输函数的类型不能够消除它。

INS 的误差方程随自然频率的变化而衰减，其形式如下：

$$x_k = x_{k-1} + w_{k-1}z_k$$

其中，k 为控制矩阵。

$$k = \begin{bmatrix} k_1 & 0 & k_2 & 0 & 0 & 0 & 0 \\ 0 & k_1 & 0 & k_2 & 0 & 0 & 0 \end{bmatrix}$$

控制信号被馈送到第一积分器用来衰减系统和扭矩传感器的自由振荡以缩短振荡周期。一般有：

$$k_1 = 0.99 \frac{1}{c}, \quad Ak_2 = 2.5 \cdot 10^{-6} \cdot R, \quad R = 6\,370\,000 \text{ m}$$

INS 误差的最完整补偿是使用 INS 和 INS 的附加外部导航信息传感器的算法信息处理来执行，系统输出信息中的误差补偿通常通过估计算法来进行。众所周知的卡尔曼滤波理论上可以获得系统状态向量的最佳估计。

用来确定已行进距离的自主 INS 误差可看作舒勒周期的"发散"振荡。通过吸引关于载体移动速度的外部信息，可以在保持不变性的同时抑制这些振

荡。最常见的速度信息传感器是 DISS，从取自 INS 的速度信号中减去来自 DISS 的速度信息，可以获得定义载体对象速度的误差。通过将该信号应用于 INS 第一积分器的输入，系统误差被衰减。如果 INS 和 DISS 的速度测量值的差异信号同时被施加到第一积分器的输出，那么通过改变自然振荡的周期来获得阻尼，即可以缩短系统的自然振荡周期。

但是借助阻尼的方式不可能完全消除误差，因为它们会随着时间的推移而增加。

导航系统综合体是由许多工作原理基于各种物理定律的系统和传感器组成的，它们通过算法组合在一起。

较传统的导航系统方案是使用 INS 作为基本系统，并配备几个外部信息传感器，用于评估的集成算法。积分算法是用于处理来自使用的导航系统和传感器的信号的算法。理论上，测量系统数量的增加可以获得关于物体导航参数的高精度信息，但实际上，由于使用具有不同精度特性的系统并且算法支持的不完善，获得的导航信息的准确性将降低。因此，借助集成算法，区分系统使得可以获得关于对象导航参数的最可靠信息，或者在联合处理来自不同系统的信号的过程中，突出显示最可靠的信息。例如一种最简单且最受欢迎的集成算法，其可以用作测量相同参数的各种系统平均读数的算法。

校正 INS 的准确性在很大程度上取决于外部信息源的误差和所用算法的误差，特别是关于 INS 误差数学模型的适用性。

当 INS 在没有卫星或在静止站校正的情况下长时间间隔（超过 1 h）运行时，GSP 的偏离角将增加。其结果是数学模型不足以改变 INS 误差的实际过程，在这种情况下，通过控制算法在系统结构中应用 INS 校正。

INS 结构中的误差补偿通常使用减少的自适应调节器来执行，这种方法的缺点是电路对 INS 误差估算有较高的灵敏度。

在没有外部信息源的情况下，建议使用外推算法校正导航系统。借助这种算法，可以对导航系统中的误差进行预测，之后在已知的校正方案中使用预测的误差估计。

导航系统应用中的预测算法可分为两类：短期和长期。短期预测是那些提前量为观察时间 10%～20% 的预测，INS 短期预测误差可以在 INS 工作的最后阶段，在已获得模型的基础上，利用外部信息源进行，直到切换到自主模式为止。

当存在有严重干扰的长期运行，或在飞行任务中 INS 在一定时间间隔内自主运行时，则需要采用长期预测方法。长期预测的特征是提前时间大于或等于观察时间。

所以，为了提高自主模式下 INS 的操作精度，需要在先前的校正模式中构建 INS 误差的数学模型，以执行误差预测并将其用在输出信息中实现这些误差的补偿。

可以说，通过算法来解决此任务是比较合理的方法，因为这种方式使用现代精度的系统可以以最短的时间和最低的材料成本获得效果。在飞行器上实现算法对机载计算机提出了特定的要求，主要限制是只能为算法实现分配少量计算机内存。

|2.5 飞行器导航系统的误差分析|

在没有安装 INS 系统的任何移动物体上，它的工作原理仍保持不变：物体的坐标通过在惯性坐标系中其质心的运动方程积分来确定。通过加速度计测量质心的加速度，其灵敏度轴的方向使用陀螺仪确定。同时，飞行器的多样性、轨迹的类型与参数和运动时间的差异决定了 INS 在理论和技术实施中的主要特性。

INS 的一个主要特点是工作时间，即连续执行导航任务的时间。在弹道导弹上，工作时间可以是几分钟，在飞机上可以为几个小时，而在远洋船只上这个时间可以达到几个月。在 INS 的长期操作期间，需要校准并考虑陀螺仪的漂移、传输系数和加速度计的位移零的参数。通常，这是在人工神经网络运行时直接在移动物体上完成的。应该注意的是，对于安装在潜艇上的人工神经网络，使用外部信息的可能性是有限的。

|2.6 导航复合系统|

考虑到用于解决与使用导航系统的任务一般都较复杂，多数不同的传感器和系统的导航信息可以用作系统信息处理。来自几个传感器或系统信息的联合处理称为复合一体化，其算法相连接的导航系统和传感器被称为导航复合体（Navigation Complex，NC）。

该导航复合系统由传感器和其他系统组成，它们基于不同的物理原理工作，这些系统组合后形成某种算法。目前，正在研究发展的为两种集成方法，一种是使用属于导航复合体一部分最小数量传感器的方法，另一种则是使用信息经过联合处理，对应最大数量传感器的方法。

第一种方法的导航算法已经被广泛应用于现代导航系统，因为它能够保证飞行器的导航参数达到足够高的精度和导航系统可靠性，并且不需要较高的计算成本。这样的导航系统通常包括 INS、DISS 或气压陀螺仪和导航传感器（例如雷达）等。

解决集成问题的第二种方法需要提高机载计算机的性能，并在飞行器上放置大量的精密传感器和系统。这样的导航系统包括 INS、DISS、无线电高度表、气压陀螺仪、无线电近距和远距导航系统、各种信息域的传感器等。理论上，这种导航系统应该提供较高的精确度和可靠性，然而在实践中，由于外部干扰（主动和被动干扰）的误差，导航复合体的精度显著降低。实现高功率导航系统机载计算机算法支持的要求也限制了这种导航系统在现代飞行器中的使用。

复合一体化思想从逻辑层面来看，可以被认为是一种选择性的方法，其中包括上面讨论的两种方法的优点。选择性方法的导航复合体包括导航信息系统和传感器的可能最大数量以及算法支持。这样看来，选择性导航系统的算法支持包括用于选择最可靠的导航信息的算法，和用于处理该信息以提高导航系统精度的算法。

导航系统的传统方案为 INS，作为一个基本的导航系统，它配备有外部信息、复合和评估算法的几个传感器。积分算法是用于处理来自导航系统和传感器信号的算法，测量系统数量的增加理论上允许获得关于对象导航参数更准确的信息。在现实操作中，当使用具有不同精度特性的系统时，由于算法支持的不完善，导航信息的确定精度随之降低。因此，在复合算法的帮助下，系统能够被重新分类和分配，并且允许获得关于对象导航参数最可靠的信息；或者在联合处理来自不同系统信号的过程中，分配最可靠的信息。复合算法是最简单的一个例子，同时也是最受欢迎的算法之一，它是一种可以对测量相同参数的不同系统读数进行平均的算法。

目前，最准确的是具有校正功能的卫星导航系统，但是，在有些情况下无法使用来自卫星的校正信号。因此，本节考虑了各种导航系统及其组合，提出了在主动和被动干扰下，用于在系统操作过程中以及在载荷对象的复杂运动下提高导航信息准确性的算法。

具有选择特性的测量系统能够通过估计算法来确定最可靠的信息，并进行后续处理。根据对估计算法输出状态矢量的评估，输入导航复合系统的输出信息以用于校正。

为了确定信息的可靠性，建议使用可观测度准则[19,20]，即导航复合系统的组成由状态矢量特定分量的可观测程度标准的最高值确定，其中，导航复合系统的组成指的是所有可用于获取导航信息的系统。首先选定基础导航系统作为最准确和通用的系统，通常选择 INS。

　　选择性导航复合系统具有以下功能：

　　当使用外部信息传感器直接测量一个状态变量时，考虑到对应的是基本系统的状态矢量，这也意味着该信息在基本系统的外部。对于状态矢量的每个分量，首先确定其观测度，然后当另一个外部信息传感器直接测量一个分量时，再确定它的状态矢量。通过进行类似的计算，就可以得到在这种情况下状态矢量的观测程度。

　　下一阶段，是对相应状态矢量观测度进行比较。根据最高可观测度水平的值，可确定导航系统的最优组成。

　　当选择性导航复合系统工作时，其周期性地自动执行状态矢量的可观测程度的分析，即确定选择系统的最佳结构。由所选传感器获得的测量信号在估计算法中生成基础导航系统的误差估值，之后再使用此误差估值来校正导航信息。

　　选择性导航复合系统的方案如图 2 – 3 所示。

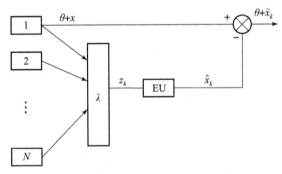

图 2 – 3　选择性导航复合系统的方案

　　图 2 – 3 中，1 为基础导航系统；2 ~ N 为外部信息传感器和测量系统；λ 为用于确定可观测程度和测量结果 z_k 的单元；EU（Evaluation Unit）为评估单位；θ 为真实的导航信息（例如，$\theta = \lambda$）；x_k 为基础导航系统的误差；$\hat{x}_k$ 为基础导航系统的误差估计；$\tilde{x}_k$ 为估计误差。

　　通过改变载体动态对象的操作模式，能够执行可观察度水平的周期性验证和导航复合体的结构可能性变化，提前进行验证以及考虑导航复合体何时以恒定模式操作，在这种情况下的测试频率是根据实际考虑因素确定的，其中还考虑了所用仪器中误差累积率和对象操作外部条件的信息。

使用选择性导航复合系统的可行性可以证明如下：

由于 GSP 与地平面偏离的速度和角度的 INS 误差可直接测量，考虑将 INS 选为选择性导航复合系统中基本导航系统的情况。DISS 用作速度信息传感器，GSP 与地平面的偏离角度是根据来自进动角度传感器的信息确定的。

图 2 - 4 所示为选择性导航复合系统的工作回路结构。

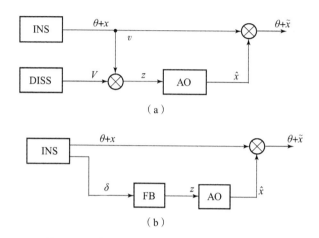

图 2 - 4 选择性导航复合系统的工作回路结构

（a）使用 DISS 的系统；（b）使用来自进动角度传感器的信息

在图 2 - 4 中，引入以下代号：FB（Formation Block）表示基于来自进动角度传感器的信息形成测量的单元；δ 代表来自进动角度传感器的信号；AO 为估计算法；$\theta + x$ 是通过 INS 的测量速度；V 为来自 DISS 的测量速度。

在实际应用中，测量噪声的水平通常会发生变化，因此不可能事先明确地选择复杂的结构。选择性方法用于确定导航复合系统的最佳结构的问题，允许在其操作的每个阶段使用最有效的系统。

另外，可以通过分析来证明使用具有可变结构的导航复合系统的有效性。

当使用关于 GSP 与地平面的偏离角度的附加信息源进行测量时，S^{-1} 的形式可写为：

$$
S^{-1} = \begin{bmatrix} \left[-\dfrac{R}{T} + \dfrac{R}{\beta T^2} + \dfrac{g}{\beta} \right] & \left[-\dfrac{R}{\beta T^2}(2 - \beta T) \right] & -\dfrac{R}{\beta T^2}(2 - \beta T) \\[4mm] \left[-\dfrac{g}{\beta R} - \dfrac{1}{\beta T^2} \right] & \dfrac{2}{\beta T^2} & -\dfrac{1}{\beta T^2} \end{bmatrix}
$$

在确定度 $r_1^*(\delta V)$ 时，噪声的方差减小到 INS 误差，其形式如下：

$$r_1^*(\delta V) = \frac{1}{\beta^2 T^4}\{R^2[6 - 2T + \beta(T^2 - 4T + \beta T^2)] + gT^2(gT^2 + R - R\beta T)\}r$$

将以下数值表达式代入降噪数值的方差：$T = 2$ min，$\beta = 10^{-2}$ min^{-1}，$R =$ 6 370 000 m，$g = 35\ 280$ m/min^2，$r = 10^{-14}$ rad^2。可以得到方差 $r =$ 2 500 m^2/min^2。

因此，对于具有相似特性的设备来计算人工神经网络在确定速度时的误差，建议测量 GSP 与地平面的偏差角度，并利用这些测量值估计确定速度时的误差。在这种情况下，当在估计算法中同时测量 δV 和 φ 时，如果直接测量状态矢量分量，则估计误差不会根据是否测量其他分量而改变。

为了计算 INS 在确定速度时的误差，应当先测量 GSP 与地平面的偏差角度，并利用这些测量结果评估状态矢量，而不是直接测量速度。

在这种情况下，当在估计算法中测量飞行器的速度和 GSP 的失准角时，如果直接测量状态矢量分量，则测量其他分量时估计误差不会改变。因此，在这种情况下，更有利的是仅使用 GSP 偏差角的测量值。

值得注意的是，先前仅展现出了应用所提出的方法来选择导航复合系统结构的方法。在实践中，这种情况非常罕见，并且在正常操作模式中，导航复合系统的最佳结构是预先已知的。给出的例子描述的是异常情况，即在敌人能够主动干扰的飞行条件下，禁用导航系统和传感器，以及飞行任务出现计划外变化。

因此，本节提出了一种解决合成具有可变结构的测量系统问题的方法，并开发了一种能够根据操作条件改变配置，具有最佳结构的选择性导航复合系统。

下面介绍基于状态预测选择测量复合系统。

在飞行器的运行过程中不断地切换测量系统的配置以获得最可靠的测量信息，即以不同的运行间隔与 INS 集成各种外部测量系统。从一个到另一个结构的切换是根据可观测度的程度标准来执行的，这可以在预测的基础上以确定的数值标准进行[21]。

为了实现预测，还需要使用某个预测模型，例如，可以使用修改的 Demark 趋势获得预测模型，Demark 趋势允许根据先验信息的最小量确定趋势，而不考虑表征研究对象的一些重要因素[28]。然后，在该模型的基础上进行预测，并计算可观测性程度，其最大值决定了飞行器运行的下一个间隔中外部系统的组成。因此，测量系统最佳结构的选择是在预测的基础上进行的。

在选择性导航复合系统中，通常使用机载雷达、基于地面的 RSBN 和

RSDN、星象仪、GPS/GLONASS 等。测量复合系统的结构如图 2 - 5 所示，该结构提供了基本导航系统在校正模式和自主模式下的功能。

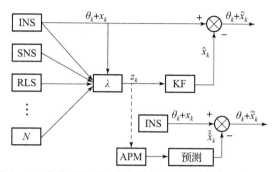

图 2 - 5　在校正模式和自主模式下的测量复合系统的结构

图中，θ_k 为真实导航信息；x_k 是 INS 误差；$\hat{x}_k$ 是 INS 的误差估计；$\tilde{x}_k$ 代表估计错误；$\hat{\hat{x}}_k$ 是 INS 的误差预测；$\tilde{\tilde{x}}_k$ 代表预测错误；KF 代表卡尔曼滤波器；λ 代表用于确定可观测度和形成测量值 z_k 的单元。

其中，预测模型基于外部系统运行时的测量样本建立。

然后，在预测的基础上，在 $T_1 \sim T_2$ 间隔计算可观测度，并且在比较结果之后选择导航复合系统的配置，即对于使用特定测量复合系统作为外部信息源来确定状态矢量估计值的适当性将作出决定。

在这里如果不是基于预测，而是在前一个 $0 \sim T_1$ 间隔的过程直接测量，那么有可能获得不准确的信息，并且在 $T_1 \sim T_2$ 间隔进行导航系统结构的非最优选择。通过对预测的分析可以正确选择测量系统的配置为 $T_1 \sim T_2$ 区间，并且可以给出比直接测量更准确的结果。

因此，使用预测来确定测量复合系统的配置是合理的。基于最后一次测量样本的分析，选择测量复合系统的配置会产生最差的结果。

第 3 章

一般估算算法

|3.1 卡尔曼滤波优化算法|

在考虑构建最优卡尔曼滤波之前，回顾一下最优维纳滤波问题的公式和解决方案[16,21]。多维系统可以被定义为具有 1 维输入和 n 维输出的系统，其通过矩阵脉冲转移函数（MITF）$\boldsymbol{K}(t,\tau)$ 进行关联。令 $\boldsymbol{Y}(t)$ 是滤波器输入的 1 维矢量，$\boldsymbol{X}(t)$ 是输出的 n 维矢量。那么，矢量 $\boldsymbol{X}(t)$ 和 $\boldsymbol{Y}(t)$ 之间的关系可由以下积分确定：

$$\hat{\boldsymbol{X}}(t) = \int_{t_0}^{t} \boldsymbol{K}(t,\tau) \times \boldsymbol{Y}(\tau)\,\mathrm{d}\tau, \ \hat{\boldsymbol{X}}(t_0) = 0 \tag{3.1.1}$$

这里，$\boldsymbol{Y}(t)$ 为具有零期望和相关函数 $\boldsymbol{R}_{YY}(t,\tau)$ 的真实随机过程。方阵 $\boldsymbol{B}$ 表示导数的范数，其形式通过 $\|\boldsymbol{B}\|$ 可以写为：

$$\|\boldsymbol{B}\| = \sqrt{\mathrm{tr}(\boldsymbol{B}\boldsymbol{B}^{\mathrm{T}})} \tag{3.1.2}$$

将失真信号作为有用信号 $\boldsymbol{M}(t)$ 和干扰 $\boldsymbol{N}(t)$ 之和输入多维滤波器中，即

$$\boldsymbol{Y}(t) = \boldsymbol{M}(t) + \boldsymbol{N}(t) \tag{3.1.3}$$

式中，$\boldsymbol{M}(t)$ 和 $\boldsymbol{N}(t)$ 是具有已知相关函数 $\boldsymbol{R}_{MM}(t,\tau)$ 和 $\boldsymbol{R}_{NN}(t,\tau)$ 的 n 维矢量。

特定系统的理想输出表示为 $\boldsymbol{X}(t)$，它用来确定系统所需要的输出，并通过以下关系与有用信号关联：

$$\boldsymbol{X}(t) = \int_{t_0}^{t} \boldsymbol{K}_{ID}(t,\tau) \times \boldsymbol{M}(\tau)\,\mathrm{d}\tau \tag{3.1.4}$$

式中，$\boldsymbol{K}_{ID}(t,\tau)$ 为理想系统的 MITF。

若考虑估计误差或残差的矢量，则有：

$$X'_\sigma(t) = X(t) - \hat{X}(t) \tag{3.1.5}$$

因此有必要选择一个物理可实现的矩阵 $K^*(t,\tau)$，以使误差率范数平方的平均值达到最小：

$$M\{\|X_\sigma(t)\|^2\} = \min_{K(t,\tau)} \tag{3.1.6}$$

式中，$K(t,\tau) = 0$，对于 $t < \tau$，范数可由式（3.1.2）求得。

根据不同的情况如预测、滤波或平滑，主要任务则转化为确定理想系统的 MITF。在滤波问题中，因有关系式 $X(t) = M(t)$，即 $K(t,\tau) = I \cdot \delta(t - \tau)$，在这个问题的表述中，最小均方误差公式（3.1.6）则由多维系统广义维纳 – 霍普夫方程得到的 MITF 确定：

$$R_{MY}(t,\tau) = \int_0^t K^*(t,s) \cdot R_{YY}(s,\tau)\,\mathrm{d}s \tag{3.1.7}$$

这里已知的是，如果系统的输入端接收到一个随机信号 $Y(t)$，此随机信号是一个平稳的随机过程，则多维滤波器的最优矩阵传递函数可以通过对有理数矩阵 $K^*(s)$ 的频谱密度得到。由此，引入柯尔莫戈洛夫 – 维纳过滤问题的方法描述：

首先，互不相关的随机过程被指定为时间 $m(t)$ 和 $n(t)$ 的函数，具有相关函数 $R_{mm}(\tau)$ 和 $R_{nn}(\tau)$，谱密度 $S_{mm}(\omega)$ 和 $S_{nn}(\omega)$；而 $m(t)$ 和 $n(t)$ 是静态的、遍历的和集中的随机函数。

当 $m(t) + n(t)$ 的和到达其输入时的条件下，需要确定滤波器的 IFP，该滤波器以某种信号 $X(t)$ 的形式最佳地分配随机过程 $m(t)$ 的实现。

最优准则是标准偏差 $\sigma(t) = m(t) - X(t)$ 的最小值，即

$$M[\sigma^2(t)] = \overline{\sigma^2} = \min,\ R_{Ym}(\tau) = \int_0^\infty K^*(u) \cdot R_{YY}(\tau - u)\,\mathrm{d}u,\ \tau \geqslant 0$$

$$\tag{3.1.8}$$

有关系式 $R_{YY}(\xi) = R_{YY}(-\xi)$，其中 $R_{YY}(\tau)$ 为信号 $Y(t) = m(t) + n(t)$ 的相关函数，由下式确定：

$$R_{YY}(\tau) = R_{mm}(\tau) + R_{nn}(\tau) \tag{3.1.9}$$

$R_{Ym}(\tau)$ 是输入信号 $Y(t)$ 和有用输入信号 $m(t)$ 的相关函数。应用傅里叶变换可以得到：

$$S_{Ym}(s)\big|_{s=\mathrm{j}\omega} = W^*(s)S_{YY}(s)\big|_{s=\mathrm{j}\omega} \tag{3.1.10}$$

$$W^*(\mathrm{j}\omega) = \frac{S_{Ym}(\mathrm{j}\omega)}{S_{YY}(\mathrm{j}\omega)} \tag{3.1.11}$$

$$K^*(t) = \frac{1}{2p}\int_{-\infty}^\infty W^*(\mathrm{j}\omega)\,\mathrm{e}^{\mathrm{j}\omega t}\,\mathrm{d}\omega \tag{3.1.12}$$

式（3.1.11）和式（3.1.12）对应的是最优 IPF。

在非平稳随机过程的情况下，要得出积分方程式（3.1.7）的解比较困难。维纳多维滤波问题的改进由卡尔曼滤波器的状态空间决定，并在新的卡尔曼滤波器中求解问题的结果。当要评估的信号是线性非平稳动态系统的输出信号时，最优卡尔曼滤波器可以实现递归估计过程。

随机滤波器输入过程 $\boldsymbol{Y}(t)$ 是整形滤波器的噪声输出，由以下公式描述：

$$\overset{*}{\boldsymbol{X}}(t) = \boldsymbol{A}(t) \cdot \boldsymbol{X}(t) + \boldsymbol{G}(t) \cdot \boldsymbol{N}_1(t) \tag{3.1.13}$$

式中，$\boldsymbol{X}(t_0) = \boldsymbol{X}^0$ 为初始条件的随机矢量，$\boldsymbol{N}_1(t)$ 为具有静态特征的高斯白噪声：

$$M\{\boldsymbol{N}_1(t)\} = 0, \quad \boldsymbol{R}_{N_1 N_1}(t,\tau) = \boldsymbol{S}_1(t)\boldsymbol{\delta}(t-\tau) \tag{3.1.14}$$

$\boldsymbol{S}_1(t)$ 为正定对称的强矩阵。

$$M\{\boldsymbol{X}^0 \boldsymbol{N}_1^{\mathrm{T}}(t)\} = \boldsymbol{0} \tag{3.1.15}$$

初始状态矢量 $\boldsymbol{X}(t)$ 的方差已知：

$$\boldsymbol{D}_{00} = M\{(\boldsymbol{X}^0 - \overline{\boldsymbol{X}^0}) \times (\boldsymbol{X}^0 - \overline{\boldsymbol{X}^0})^{\mathrm{T}}\} \tag{3.1.16}$$

$$\overline{\boldsymbol{X}^0} = M\{\boldsymbol{X}^0\} = \boldsymbol{0}$$

输出或测量的方程有下列形式：

$$\boldsymbol{Y}(t) = \boldsymbol{C}(t)\boldsymbol{X}(t) + \boldsymbol{N}_2(t) \tag{3.1.17}$$

式中，$\boldsymbol{N}_2(t)$ 为高斯白噪声，其特点为

$$M\{\boldsymbol{N}_2(t)\} = 0, \quad \boldsymbol{R}_{N_2 N_2}(t,\tau) = \boldsymbol{S}_2(t)\boldsymbol{\delta}(t-\tau) \tag{3.1.18}$$

且信号 $\boldsymbol{N}_1(t)$ 和 $\boldsymbol{N}_2(t)$ 以及 $\boldsymbol{X}(t)$ 和 $\boldsymbol{N}_2(t)$ 是不相关的。

如前所述，假设 $\boldsymbol{N}_1(t)$ 模型的噪声和 $\boldsymbol{N}_2(t)$ 的测量噪声是不相关的白高斯模型，那么最优滤波问题的解可以通过选择系数矩阵获得，最优解具有无偏差估计和最小均方误差形式：

$$\boldsymbol{K}_f^*(t) = \boldsymbol{D}_{\sigma\sigma}(t)\boldsymbol{C}^{\mathrm{T}}(t)\boldsymbol{S}_2^{-1}(t), \quad t \geqslant t_0 \tag{3.1.19}$$

最优滤波器模型有以下形式：

$$\hat{\boldsymbol{X}}^* = [\boldsymbol{A}(t) - \boldsymbol{K}_\Phi^*(t) \cdot \boldsymbol{C}(t)] \cdot \hat{\boldsymbol{X}} + \boldsymbol{K}_f^*(t)\boldsymbol{Y}(t) \tag{3.1.20}$$

这里的初始条件为

$$\hat{\boldsymbol{X}}(t_0) = \overline{\boldsymbol{X}}(t_0)$$

而 $\boldsymbol{D}_{\sigma\sigma}(t)$ 的 Riccati 矩阵解如下：

$$\overset{*}{\boldsymbol{D}}_{\sigma\sigma}(t) = \boldsymbol{A}(t) \cdot \boldsymbol{D}_{\sigma\sigma}(t) + \boldsymbol{D}_{\sigma\sigma}(t) \cdot \boldsymbol{A}^{\mathrm{T}}(t) + \boldsymbol{G}(t) \cdot \boldsymbol{S}_1(t) \cdot$$
$$\boldsymbol{G}^{\mathrm{T}}(t) - \boldsymbol{D}_{\sigma\sigma}(t) \cdot \boldsymbol{C}^{\mathrm{T}}(t) \cdot \boldsymbol{S}_2^{-1}(t) \cdot \boldsymbol{C}(t) \cdot \boldsymbol{D}_{\sigma\sigma}(t)$$

其初始条件为 $\boldsymbol{D}_{\sigma\sigma}(t_0) = \boldsymbol{D}_{\sigma\sigma}$

卡尔曼滤波器的结构如图 3 - 1 所示。

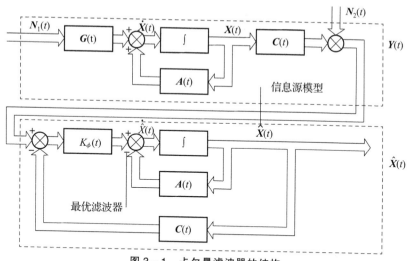

图 3 - 1　卡尔曼滤波器的结构

考虑描述动态对象的离散线性方程，例如表示 INS 误差的变化：

$$\boldsymbol{x}_{k+1} = \boldsymbol{\Phi}_{k+1,k}\boldsymbol{x}_k + \boldsymbol{G}_{k+1,k}\boldsymbol{W}_k \tag{3.1.21}$$

式中，$\boldsymbol{x}_k$ 是 n 维状态矢量；$\boldsymbol{W}_k$ 是输入扰动的 r 维矢量；$\boldsymbol{\Phi}_{k+1,k}$ 为（$n \times n$）维对象矩阵；$\boldsymbol{G}_{k+1,k}$ 为（$n \times r$）维输入矩阵。

假设输入干扰是具有零期望的高斯白噪声，并且已知协方差矩阵的 γ 维离散模拟值为：$\boldsymbol{M}[\boldsymbol{W}_j\boldsymbol{W}_k^{\mathrm{T}}] = \boldsymbol{Q}_k\delta_{j,k}$，这里 $\boldsymbol{Q}_k$ 定义为（$r \times r$）维的非负矩阵；$\delta_{j,k}$ 是克罗内克符号，其含义为

$$\delta_{j,k} = \begin{cases} 1, j = k \\ 0, j \neq k \end{cases}$$

测量状态矢量的部分值：

$$\begin{cases} \boldsymbol{Z}_{k+1} = \boldsymbol{H}_{k+1}\boldsymbol{X}_{k+1} + \boldsymbol{V}_{k+1} \\ \boldsymbol{J}_k = \boldsymbol{M}[(\boldsymbol{x}_k - \hat{\boldsymbol{x}}_k)^{\mathrm{T}}(\boldsymbol{x}_k - \hat{\boldsymbol{x}}_k)] = \min \end{cases} \tag{3.1.22}$$

这里 $\boldsymbol{Z}_{k+1}$ 是测量值的 m 维矢量；$\boldsymbol{V}_{k+1}$ 是 m 维矢量测量误差；$\boldsymbol{H}_{k+1,k}$ 是（$m \times n$）维测量矩阵。假设测量误差是高斯白噪声的 m 维离散模拟值，其中 $\boldsymbol{M}[\boldsymbol{V}_{k+1}] = \boldsymbol{0}$，

$$\boldsymbol{M}[\boldsymbol{V}_j\boldsymbol{V}_{k+1}^{\mathrm{T}}] = \boldsymbol{R}_{k+1}\delta_{j,k+1} \tag{3.1.23}$$

式中，$\boldsymbol{R}_{k+1}$ 是非负定义的（$m \times n$）维矩阵。

考虑到由于测量误差（或测量噪声）和输入干扰（或输入噪声）是不相关的，则有：

$$\boldsymbol{M}[\boldsymbol{V}_j\boldsymbol{V}_{k+1}^{\mathrm{T}}] = 0，j、k \text{ 为任意值} \tag{3.1.24}$$

假设状态矢量的初始值是高斯随机向量，其具有与测量误差的输入干扰无关的零期望：$M[x_0 V_k^\mathrm{T}] = 0$；对于任意 k，有 $M[x_0 V_{k+1}^\mathrm{T}] = 0$。

协方差矩阵 $M[x_0 x_0^\mathrm{T}] = P_0$，是非负定义的（$n \times n$）维矩阵。

基于对象的数学期望和关于输入和测量噪声统计特性的先验信息，并且对部分状态矢量进行测量，需要估计状态矢量，使函数 J 取最小值。

$$J_k = M[(x_k - \hat{x}_k)^\mathrm{T}(x_k - \hat{x}_k)] = \min \tag{3.1.25}$$

式中 x_k 是状态矢量的估计值。

状态矢量的最优估计值由下式确定：

$$\hat{x}_{k+1} = \Phi_{k+1,k} \hat{X}_k + K_{k+1} v_{k+1} \tag{3.1.26}$$

式中，K_{k+1} 是滤波器增益的（$n \times m$）维矩阵，并且有 $v_{k+1} = z_{k+1} - H_{k+1}$，$\Phi_{k+1} \hat{X}_k$ 为可更新的序列。

式（3.1.26）具有以下物理意义：在对状态矢量和对象矩阵评估的基础上，开始对下一步的估算进行预测，并使用更新的序列校正此预测。另外，更新的序列是预测误差和测量噪声的总和。

滤波器的增益矩阵主要用来确定更新序列在状态矢量估计值中的权重。在理想测量情况下，即当不存在测量噪声时，选择增益矩阵作为最大值。测量噪声越大，在形成状态矢量估计值时，考虑更新序列的权重就越低。

卡尔曼滤波器的形式如下：

$$\begin{cases} \hat{x}_{k+1} = \Phi_{k+1,k} \hat{X}_k + K_{k+1} v_{k+1} \\ P_{(k+1)/k} = \Phi_{k+1,k} P_k \Phi_{k+1,k}^\mathrm{T} + Q_k \\ K_{k+1} = P_{(k+1)/k} H_{k+1}^\mathrm{T} [H_{k+1} P_{(k+1)/k} H_{k+1}^\mathrm{T} + R_{k+1}]^{-1} \\ P_{k+1} = (I - K_{k+1} H_{k+1}) P_{(k+1)/k} \end{cases} \tag{3.1.27}$$

式中，$P_{(k+1)/k}$ 是估计误差的先验协方差矩阵；P_{k+1} 是估计误差的后验协方差矩阵。

借助卡尔曼滤波器，不仅可以恢复系统的整个状态矢量，还可以抑制测量噪声的影响。

$$M(w_k) = 0 ; M(w_k w_j^\mathrm{T}) = Q_k \delta_{k,j} \tag{3.1.28}$$

$$M(v_k) = 0 ; M(v_k v_j^\mathrm{T}) = R_k \delta_{k,j} \tag{3.1.29}$$

假设系统的初始状态、扰动矢量和测量误差互不相关，则有：

$$M(x_0 w_k^\mathrm{T}) = 0 ; M(x_0 v_k^\mathrm{T}) = 0 ; M(w_k v_k^\mathrm{T}) = 0$$

接下来，基于观察序列结果 $z_1, z_2, \cdots, z_k$ 找到系统状态矢量 $\hat{x}_k$ 的线性无偏差估计。

估计误差 $\tilde{\boldsymbol{x}}_k$ 由 $\boldsymbol{x}_k$ 和 $\hat{\boldsymbol{x}}_k$ 的差值确定：

$$\tilde{\boldsymbol{x}}_k = \boldsymbol{x}_k - \hat{\boldsymbol{x}}_k \tag{3.1.30}$$

估计误差的相关矩阵可由下列公式得到：

$$\tilde{\boldsymbol{P}}_k = M(\tilde{\boldsymbol{x}}_k \tilde{\boldsymbol{x}}_k^{\mathrm{T}}) \tag{3.1.31}$$

该矩阵取决于是否存在与系统初始状态相关的先验信息。由于估计值 $\hat{\boldsymbol{x}}_k$ 的先验值 $\boldsymbol{x}_{k+1,k}$ 是已知的，并且不考虑从式（3.1.30）获得的扰动 $\boldsymbol{w}_k$，有：

$$\boldsymbol{x}_{k+1,k} = \boldsymbol{A}_{k+1,k} \hat{\boldsymbol{x}}_k \tag{3.1.32}$$

后验值 $\boldsymbol{x}_{k+1}$ 与先验值 $\boldsymbol{x}_{k+1,k}$ 之间的关系由以下比率表示：

$$\boldsymbol{x}_{k+1,k} = \boldsymbol{x}_{k+1} - \boldsymbol{A}_{k+1,k} \tilde{\boldsymbol{x}}_k - \boldsymbol{w}_k \tag{3.1.33}$$

先验的相关误差矩阵为

$$\begin{aligned} \boldsymbol{P}_{k+1,k} &= M[(\boldsymbol{x}_{k+1} - \boldsymbol{x}_{k+1,k})(\boldsymbol{x}_{k+1} - \boldsymbol{x}_{k+1,k})^{\mathrm{T}}] \\ &= M[(\boldsymbol{A}_{k+1,k} \tilde{\boldsymbol{x}}_k + \boldsymbol{w}_k)(\tilde{\boldsymbol{x}}_k^{\mathrm{T}} \boldsymbol{A}_{k+1,k}^{\mathrm{T}} + \boldsymbol{w}_k^{\mathrm{T}})] \end{aligned} \tag{3.1.34}$$

由于误差估计 $\tilde{\boldsymbol{x}}_k$ 和扰动的值 $\boldsymbol{w}_k$ 不相关，因此可以得到：

$$\boldsymbol{P}_{k+1,k} = \boldsymbol{A}_{k+1,k} \boldsymbol{P}_k \boldsymbol{A}_{k+1,k}^{\mathrm{T}} + \boldsymbol{Q}_k \tag{3.1.35}$$

式中，$\boldsymbol{P}_k$ 是 k 时刻的后验相关矩阵：

$$\boldsymbol{P}_k = M[(\boldsymbol{x}_k - \hat{\boldsymbol{x}}_k)(\boldsymbol{x}_k - \hat{\boldsymbol{x}}_k)^{\mathrm{T}}] \tag{3.1.36}$$

用于在 $k+1$ 时刻系统状态估计的公式可写为

$$\hat{\boldsymbol{x}}_{k+1} = \boldsymbol{x}_{k+1,k} + \boldsymbol{K}_{k+1}[\boldsymbol{z}_{k+1} - \boldsymbol{H}_{k+1} \boldsymbol{x}_{k+1,k}] \tag{3.1.37}$$

式中，$\boldsymbol{K}_{k+1}$ 是最优增益系数矩阵，由下列等式计算：

$$\boldsymbol{K}_{k+1} = \boldsymbol{P}_{k+1,k} \boldsymbol{H}_{k+1}^{\mathrm{T}} [\boldsymbol{H}_{k+1} \boldsymbol{P}_{k+1,k} \boldsymbol{H}_{k+1}^{\mathrm{T}} + \boldsymbol{R}_{k+1}]^{-1} \tag{3.1.38}$$

而 $k+1$ 时刻的后验相关矩阵的形式为

$$\boldsymbol{P}_{k+1} = \boldsymbol{P}_{k+1,k}[\boldsymbol{I} - \boldsymbol{K}_{k+1} \boldsymbol{H}_{k+1}] \tag{3.1.39}$$

因此，卡尔曼滤波算法的实现包括如下步骤：

（1）在 $\hat{\boldsymbol{x}}_k$ 和 $\boldsymbol{P}_k$ 的基础上，将它们外推到下一个 $\boldsymbol{x}_{k+1,k}$ 与 $\boldsymbol{P}_{k+1,k}$ 的区间上；

（2）计算最优增益系数矩阵 $\boldsymbol{K}_{k+1}$；

（3）根据新的观察结果，优化先验值 $\boldsymbol{x}_{k+1,k}$ 并得到后验估计值 $\hat{\boldsymbol{x}}_{k+1}$；

（4）确定后验相关矩阵 $\boldsymbol{P}_{k+1}$。

卡尔曼滤波器的工作原理概括如下：用先前计算步长的状态矢量估计值来预测当前步长下状态矢量的估计值。在第一步计算中，通常将状态矢量的估计值 $\hat{\boldsymbol{x}}_0 = M(\boldsymbol{x}_0)$ 作为初始值，当接收到测量结果 $\boldsymbol{z}_{k+1}$ 后，生成更新的序列：

$$\boldsymbol{\vartheta}_{k+1} = \boldsymbol{z}_{k+1} - \boldsymbol{H}_{k+1} \boldsymbol{A}_{k+1} \hat{\boldsymbol{x}}_k \tag{3.1.40}$$

下一步操作则是形成估计误差的先验协方差矩阵。在计算该矩阵之前，必须先给定估计误差的初始协方差矩阵 $P_0 = M(x_0 x_0^T)$。

基于估计误差的先验协方差矩阵 $P_{k+1,k}$,计算滤波器增益矩阵:

$$K_{k+1} = P_{k+1,k} H_{k+1}^T [H_{k+1} P_{k+1} H_{k+1}^T + R_{k+1}]^{-1}$$

滤波器的增益矩阵用于计算估计误差的后验协方差矩阵,被用在下一个计算步长中:

$$P_{k+1} = (I - K_{k+1} H_{k+1}) P_{k+1,k}$$

最后在计算状态矢量的估计值时,基于先前计算步骤中的估算值 A_{k+1}、$\hat{x}_k$ 和滤波器增益矩阵 K_{k+1} 可以对其进行预测。

而在下一个计算步长中,将所得到的状态矢量估计值 $\hat{x}_{k+1}$ 用于预测,然后再重复整个计算过程。

该算法每个新周期的初始条件是系统状态和表征其误差的估计值。在标量为变量的情况下,表征的特征是方差,其值越大,每个值相对于真实值的散布就越大。矢量方差的一般化,即一组标量,对应的是协方差矩阵,其对角元素是矢量相应分量的方差,非对角元素是表征一对分量之间关系的协方差。与每个时间点相关的测量值的集合是测量矢量。该算法依次处理新的输入测量,同时考虑在前一周期计算的值,这个特点也将卡尔曼滤波器算法与存储整个处理数据阵列的非递归算法区分开来。在下一步长的计算中,使用在该循环中经过处理的测量值来细化初始条件。因此,算法在状态估计和测量的协方差矩阵的基础上,可以计算出校正的权重。与系统状态估算相比,测量误差越小,协方差矩阵将获得越多的权重。用来确定系统状态矢量未知数的相对权重取决于它们对测量矢量的影响程度,那些对测量的贡献更大的变量将占有更大的权重。

在一般情况下,基于给定周期的输入测量来细化初始条件,会导致系统状态估算的不确定性降低,以这种方式校正的初始条件对应的是每个周期卡尔曼滤波器的输出。在算法使用的最后阶段,将准备接收新的测量矢量。基于将后续状态矢量与前一状态矢量之间的给定线性变换,预测与下一测量时间相关的系统状态的估算。当使用卡尔曼滤波器构造预测状态矢量的协方差矩阵时,通过已知统计参数的一些随机过程来考虑描述系统行为模型失真的可能性。

由于干扰效应的具体值未知,这种情况将导致预测的不确定性增加,而且新测量的顺序处理导致滤波器积累有用信息,所以如果状态矢量的元素能够可靠地用测量值表示,那么估计的总误差通常会减小。然而,随着估算校正阶段估计准确性的提高,预测有所减少且这些趋势相互补偿,将导致稳定表征系统状态评估的不确定性。如果在系统从一个状态转换到另一个状态的过程中没有引入扰动的因素,估计中的误差最终将达到零。若评估在算法运行期间系统状态发生变化的不确定度，则需要改变在第二步计算的权重，这种情况将卡尔曼滤波器分为具有可变权重的算法。

　　传统的估算方法涉及所研究过程的完整数学模型，这种情况使得在计算机存储器不足的情况下难以在物体上实现传统的估计算法。标量算法[16,21]可以显著减少组织估计过程所需的计算机内存量，并缩短计数时间。标量算法是采用具有可变系数的公式，可以分别评估状态矢量的每个分量，为了合成标量算法，需要为感兴趣的状态矢量分量形成标量模型方程并减少测量。

| 3.2　联合卡尔曼滤波器 |

　　使用不同的算法对外部信息源的 INS 进行校正，能够显著减小导航信息的误差，为了集成多种测量信息，可以使用联合卡尔曼滤波器（FKF）。通常用到的两种联合卡尔曼滤波器为无反馈式和反馈式联合卡尔曼滤波器。考虑到系统的容错特性，无反馈式联合卡尔曼滤波器更常用，但是此滤波器的精度远低于反馈式联合卡尔曼滤波器。无反馈式联合卡尔曼滤波器的结构如图 3 - 2 所示。

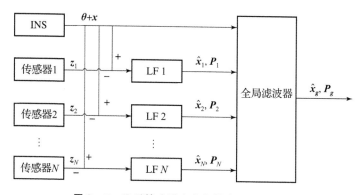

图 3 - 2　无反馈式联合卡尔曼滤波器的结构

　　图中，LF 是本地卡尔曼滤波器；$\hat{x}_1$，$\hat{x}_2$，$\cdots$，$\hat{x}_N$ 为 INS 局部滤波器的误差矢量估计值；P_1，P_2，$\cdots$，P_N 为误差估计的协方差矩阵。

　　在本地卡尔曼滤波器中，存在随时间更新和测量应用更新的过程，并且在全局过滤器中仅对来自本地滤波器的结果进行积分。

　　第 i 个局部过滤器的公式表示为

$$\hat{\boldsymbol{x}}_{i,k+1/k} = \boldsymbol{\Phi}_{k+1/k}\hat{\boldsymbol{x}}_{i,k};$$

$$\boldsymbol{P}_{i,k+1/k} = \boldsymbol{\Phi}_{k+1,k}\boldsymbol{P}_{i,k}\boldsymbol{\Phi}_{k+1/k}{}^{\mathrm{T}} + \boldsymbol{Q}_{i,k+1};$$

$$\boldsymbol{K}_{i,k+1} = \boldsymbol{P}_{i,k+1/k}\boldsymbol{H}_{i,k+1}^{\mathrm{T}}(\boldsymbol{H}_{i,k+1}\boldsymbol{P}_{i,k+1,k}\boldsymbol{H}_{i,k+1}^{\mathrm{T}} + \boldsymbol{R}_{i,k+1}) \quad (3.2.1)$$

$$\hat{\boldsymbol{x}}_{i,k+1} = \hat{\boldsymbol{x}}_{i,k+1/k} + \boldsymbol{K}_{i,k+1}(\boldsymbol{z}_{i,k+1} - \boldsymbol{H}_{i,k+1}\hat{\boldsymbol{x}}_{i,k+1/k});$$

$$\boldsymbol{P}_{i,k+1} = (\boldsymbol{I} - \boldsymbol{K}_{i,k+1}\boldsymbol{H}_{i,k+1})\boldsymbol{P}_{i,k+1/k}$$

在全局过滤器中集成后得到：

$$\boldsymbol{P}_{g,k+1}^{-1} = \boldsymbol{P}_{1,k+1}^{-1} + \boldsymbol{P}_{2,k+1}^{-1} + \ldots + \boldsymbol{P}_{N,k+1}^{-1};$$

$$\boldsymbol{P}_{g,k+1}^{-1}\hat{\boldsymbol{x}}_{g,k+1} = \boldsymbol{P}_{1,k+1}^{-1}\hat{\boldsymbol{x}}_{g,k+1} + \boldsymbol{P}_{2,k+1}^{-1}\hat{\boldsymbol{x}}_{2,k+1} + \ldots + \boldsymbol{P}_{N,k+1}^{-1}\hat{\boldsymbol{x}}_{N,k+1} \quad (3.2.2)$$

联合卡尔曼滤波器的反馈形式如图 3 – 3 所示。

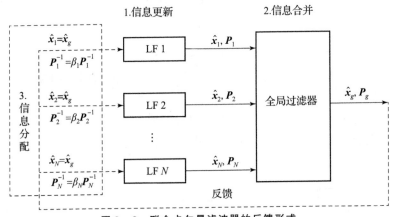

图 3 – 3　联合卡尔曼滤波器的反馈形式

在全局过滤器中进行集成之后，本地过滤器在每个后续步骤中使用更准确的全局过滤结果。为了忽略局部滤波器之间的相关性，可以根据协方差矩阵的上边界调整局部滤波器的协方差矩阵[22,23]。

$$\begin{cases} \hat{\boldsymbol{x}}_i = \hat{\boldsymbol{x}}_g \\ \boldsymbol{P}_i^{-1} = \beta_i \boldsymbol{P}_N^{-1} \\ \boldsymbol{Q}_i^{-1} = \beta_i \boldsymbol{Q}_N^{-1} \end{cases} \quad (3.2.3)$$

这里，β_i 是信息分配系数，根据信息存储原则规定，信息分配系数总和为 1[22,23]：

$$\sum_{i=1}^{N} \beta_i = 1 (0 < \beta_i < 1) \quad (3.2.4)$$

在飞行器地面系统的实际操作条件下，联合卡尔曼滤波器的估计精度高于经典卡尔曼滤波器的估计精度。在联合卡尔曼滤波器的工作过程存在随机不确定性情况时，可以选择具有最佳特征的局部卡尔曼滤波器。

|3.3　模型预测构建算法|

为了达到有效控制飞行器的目的，需要对未来情况的变化进行预测。除了各种直观估算之外，近年来已经广泛使用的一种方法是基于所完成的测量，对事件状态进行合理估计，即外推法[16,21]。

执行动态对象状态的外推，一般可分为三个阶段：

（1）测量或收集信息；

（2）构建确定对象功能的动态过程模型；

（3）对未来对象的状态进行建模和学习评估。

构建动态过程模型有 3 种主要方式：

（1）经验方法，根据模型开发人员的经验，分析测试结果等；

（2）物理方法，基于对象动态变化规律情况；

（3）数学方法。

面对现代复杂的系统应用，前两种构建动态过程模型的方法相对有难度。构造动态过程模型的数学方法被广泛用于外推，具体动态过程模型的表示形式取决于所使用的数学工具。不同类型的外推法涉及和对应使用描述动态系统的不同方法。

当进行外推时，通过了解外部干扰情况，可以获得规范性的预测。定义基于"如果—那么"原则的一组规范预测，并称其为场景。在分析场景的过程中，专家组从他们认为更适合在研究的时间间隔内分配给对象任务的场景中选择某一个场景。

最简单的预测基于这样的假设：一切都将与对象工作的前一个时间间隔内一样，有时这种假设被称为现状保守假设；规范性预测有时看起来像规范场景，规范场景是对象的行为选择之一，其中在改变干扰和控制效果时，操作条件有一定的变化。

首先考虑在随机扰动下工作的动态系统，例如监测正在研究的系统结果。先验地，仅获得关于动态系统结构的一般信息，但是要预测动态系统的输出状态，就必须使用某种模型。在预测时间较短的情况下，可以使用反映研究对象机制的模型，即物理模型。而在长期预测问题中需要一个更简单的模型，该模型通常不具有物理意义。

（1）定量预测：定量预测允许确定所研究状态变量的水平值，在整个预

测区间内精确度为 ±10%。

（2）定性预测：与定量预测相比，它具有较低的准确性，并且通常在语言层面上表征研究过程。表征所研究对象的过程通常是具有重要确定性成分的随机过程，确定性的组成部分也称为过程趋势。

（3）短期预测：在预测的时间间隔上，是初步观察所研究对象时间的20%。

（4）长期预测：长期预测的时间间隔与初步观测对象的时间一致或超过后者。

在实施预测的过程中，可总结出以下几种方法：

（1）确定性方法：在这种方法下，假设所有必要信息都是先验可用的，或者可以足够准确地获得。

（2）随机方法：该方法涉及以随机变量的形式分析对象的预测特征，同时考虑外部扰动的影响，并通过选择性实现确定随机变量的概率参数。

预测模型可以用于各种实际的应用。例如，当自主制导的飞行器追踪机动目标时，在追踪期间从导引头输入获取的信号是飞行器－目标视线的角速度，其根据物体的相对运动规律而变化。

如果预测到视线的角速度变化，并且已知接近目标的飞行器速度，就可以确定飞行器与目标的交会位置，并将飞行器导引至该点。

在自主制导过程中，预测通常分为两个过程：建立模型的过程和预测过程。在第一阶段，系统从导引头接收机接收关于目标移动的信息，通过该信息确定其模型，该过程也称为插值。到了第二阶段，将插值期间构建的模型用于预测，这个过程称为外推。

当来自外部测量系统的信号消失时，外推模型广泛应用于导航系统的校正系统。随着 INS、GPS 和其他系统输出信号的短期消失，这些模型也可以用于预测有用信号。在控制系统中，外推模型可作为参考模型，用于预测控制算法和预测外部干扰因素。

接下来，本书将研究一些用于构建模型的方法，这些模型可用于在导航复合体中推断（预测）测量系统、目标轨迹和飞行器参数的误差。

3.4 线性趋势

趋势线通常用于预测任务。使用回归分析，不仅可以向前或向后延长趋势线，将其外推至已知数据的边界，并显示其变化趋势，还可以构建平滑随机波动的移动平均线，更清晰地演示模型，并跟踪数据变化的趋势。

线性趋势（例如 Demark 趋势）不仅易于实施，且允许在最短时间间隔内确定研究过程的变化趋势。这种趋势可用于预测短期测量样本。

（1）经典的 Demark 趋势由两点确定，通过以下方式进行选择：

建立在样本极值点的趋势用以下形式表示：

$$\hat{z}_{0i} = k_{0i} \cdot t_i + d_{0i} \tag{3.4.1}$$

式中，$\hat{z}_0$ 是预测值；k_0、d_0 是趋势参数，它们分别对应趋势陡度和常数；t_i 表示该模型用于获得预测值的时间点。

定义 k_0、d_0 参数的方法如下：

测量样品分为两个特定组，根据其持续时间，从每组中选择具有最大值和最小值的点。为了得到一个趋势，具有最大值和最小值的两个点通过以下顺序用直线连接：最大值用于样本的下降趋势，最小值用于样本的上升趋势。趋势设定的这些点被称为参考点。

当以高动态改变样品时，使用模型式（3.4.1）具有较大的优势。

（2）基于具有选定参考点 a_1、b_1 的平均采样值构建的修改型 Demark 趋势表示为

$$\hat{z}_{1i}(a_1, b_1) = k_{1i} \cdot t_i + d_{1i} \tag{3.4.2}$$

式中，$\hat{z}_{1i}$ 是预测值；k_1、d_1 是趋势参数，它们分别对应趋势陡度和常数；a_1、b_1 是参考点的坐标；t_i 是该模型用于获得预测值的时间点。

获得 k_1、d_1、a_1、b_1 参数的方法如下：

将测量样品分为两部分，平均每个部分中所有点的值，则获得两个平均值，它们与所选择的 a_1、b_1 组合用作参考点的坐标。两个参考点通过直线连接并获得趋势。

模型式（3.4.2）的特征在于对最近的采样趋势有更准确的近似。

经典的 Demark 趋势具有较低的精度，特别是在目标密集机动的条件下。因此，在实际应用中，经典的 Demark 趋势只能在或多或少的直线飞行航段上使用，并且仅用于短期预测。

3.5　人工神经网络算法

如今，人工神经网络已被广泛用于动态系统参数的识别[102,112]。其中，神经网络普遍应用的一个重要方面在于信号的存在，该信号尽可能地承载有关系

统进程的信息。

神经网络（NN）的输入是控制对象广义坐标的采样值，由主控信号和控制信号在时间上的延迟得到。一般来说，神经网络可以在有或没有训练的情况下接受学习，并且可以在导航系统运作过程中对学习进行校正。

根据 Kolmogorov 定理[82]，在 n 维单位立方体上定义的任何连续函数 $f(x_1, \cdots, x_n)$，都可以表示为 $2n+1$ 个连续和单调映射的单位分段叠加之和：

$$f(x_1, \cdots, x_n) = \sum_{i=1}^{2n+1} g_i \left(\sum_{j=1}^{n} \varphi_{ij}(x_j) \right) \tag{3.5.1}$$

式中，$x = (x_1, \cdots, x_n)$ 是变量的矢量；$\boldsymbol{\Phi} = (\varphi_{11}, \cdots, \varphi_{nn})$ 是单调连续映射在 $x \in [-1, 1]$ 上的矢量；$g = (g_1, \ldots g_n)$ 是序列的系数矢量。

该定理的一个重要因素是映射 $\boldsymbol{\Phi} = (\varphi_{11}, \cdots, \varphi_{nn})$ 的类型没有定义，即可以选择任何足够复杂的结构。该定理是神经网络结构的基础。

在给定任务的所有神经网络种类中，为了识别任务，使用递归神经网络的设备需要在训练期间对神经网络的输出进行反馈。用于分析动态过程的递归神经网络包括以下主要类型：

（1）递推多层感知器（RMP）；

（2）Elman 递推网络；

（3）特殊类型的递推网络；

（4）Volterra 神经网络。

基于 RMP 的神经网络可以动态识别非线性对象，进而使用控制模型。

通过较小的网络尺寸，RMP 允许获得简单非线性控制对象的高精度参数估计。然而，由于学习算法的复杂性，使用这种网络对于复杂系统的分析比较困难。

Elman 递推网络也是一个多层感知器，其中，反馈是从隐藏的神经元层引入的。RMP 的应用领域是在信息信号中增加噪声的条件下，识别非线性确定性系统的反应。此外，该网络通常用于多参数过程的短期预测。

与 RMP 网络不同，该类神经网络不使用有关过去的控制信号信息 $x(k)$，这些控制信号在每个计算周期中连续延迟。相反，计算的在前一阶段接收到的中间层神经元的加权输出值将应用于神经网络的输入，有关输出信号的信息仅用于神经网络的学习。

Elman 递推网络的特点是对所研究系统的信息信号测试序列进行初步学习。这种方法可以在确定性噪声信号的情况下，提供令人满意的变化预测水平。然而，在这种情况下采用的是具有部分确定性信号的模型，因此如前所述，仅对确定性分量的分析不会带来期望的结果。

Volterra 神经网络是神经网络中特殊类型的递推网络，其结构是在不使用感知器的情况下开发的。在这种结构中，神经网络基于 Volterra 级数[8,30]进行区分，可以用于预测非线性与非静止物体的广义坐标变化。因此，建议使用基于 Volterra 级数的神经网络算法。

Volterra 级数常用形式如下：

$$y(n) = \sum_{i=0}^{L-1} w_i x(n-i) + \sum_{i=0}^{L-1} \sum_{j=0}^{L-1} w_i w_j x(n-i) x(n-j) + \quad (3.5.2)$$
$$\sum_{i=0}^{L-1} \sum_{j=0}^{L-1} \sum_{k=0}^{L-1} w_i w_j w_k x(n-i) x(n-j) x(n-k) + \cdots$$

式中，$y(n)$ 是级数值；$x(n-i)$ 对应的是输入序列的第 i 个值；w_i 是 Volterra 内核系数；L 是输入变量矢量的长度。

级数反应适应输入操作的目标函数如下：

$$E = 0.5[y(n) - d(n)]^2 \quad (3.5.3)$$

式中，$d(n)$ 是操作有效值；$y(n)$ 是 Volterra 级数的计算结果，其中 $n = 1, 2, 3, \cdots$。

为了最小化适应反应的目标函数，可以使用神经网络的通用优化方法。通过下列确定等式的权重系数可以实现最小误差值：

$$\frac{\mathrm{d}w}{\mathrm{d}t} = -\mu \frac{\mathrm{d}E}{\mathrm{d}w} \quad (3.5.4)$$

式中，μ 是神经网络学习系数；w 是级数的权重系数。

为了进一步说明，需要确定级数的包括系统行为的输入矢量值的维度以及神经网络的层数。

对应用于神经网络的 Kolmogorov 定理分析可以得出，为了逼近任何一个连续函数 $f(x_1, \cdots, x_n)$，一个隐藏的神经层就足够。由此可见，将自己限制在 Volterra 系列的前 3 个术语中即可。

然后，用于确定权重系数的等式，系统将采用以下形式：

$$\begin{cases} \dfrac{\mathrm{d}w_i}{\mathrm{d}t} = -\mu[y(n) - d(n)]x(n-i) \\[2mm] \dfrac{\mathrm{d}w_{ij}}{\mathrm{d}t} = -\mu[y(n) - d(n)]x(n-i)x(n-j) \\[2mm] \dfrac{\mathrm{d}w_{ijk}}{\mathrm{d}t} = -\mu[y(n) - d(n)]x(n-i)x(n-j)x(n-k) \end{cases} \quad (3.5.5)$$

式中，$i, j, k = 0, 1, \cdots, L-1$；$w_{ij} = w_i w_j$，$w_{ijk}$ 为权重系数，且 $w_{ijk} = w_i w_j w_k$。基于这样的模型，导航系统可以最小化反应级数的适应性目标函数。然而，当选择权重时，由于使用上述公式中级数的定义，计算的复杂度随着输入信号的顺序和数量的增加而成倍增加。

为了便于使用，借助以下类型的 Volterra 级数[16,21]来简化它的运算：

$$y_n = \sum_{i_1=0}^{L-1} x_{n-i} \left[w_i + \sum_{j=0}^{L-1} x_{n-j} \left(w_{ij} + \sum_{i_1=0}^{L-1} x_{n-k} w_{ijk} \right) \right] \qquad (3.5.6)$$

式中，$y_n = y(n)$；$x_{n-i} = x(n-i)$。

方括号中的每个项都是一阶线性滤波器。在这种系统中，权重的选择是分层进行的，并且这些过程是独立的。因此，层数或输入信号的增加实际上不会影响计算复杂性，而问题的整体复杂性线性增长。使用共轭图构造算法来训练基于变换的 Volterra 级数的神经网络，可以用于确定学习误差的梯度。

Volterra 核的对称性表示权重相等，其数量对应的是下标 i，j 和 k 的排列，即 $w_{ij} = w_{ji}$，$w_{ijk} = w_{jik} = \ldots = w_{kji}$。该特性极大地简化了计算过程的实现。

|3.6　遗传算法|

除了前面介绍的方法，预测系统还可以基于遗传算法（GA）进行多参数的搜索求解。这种方法可以在最小先验信息的条件下，构建所研究过程的高度精确模型。但是，用于构建模型的指定算法需要高性能的特殊计算器。

遗传算法是基于自然选择和继承机制的进化算法。在自然界中，最适应环境的生物才能够存活下来[21]。经典的遗传算法的实施包括以下步骤：

（1）选择原始种群的染色体；

（2）阐明种群中染色体的适应水平；

（3）停止算法操作；

（4）执行染色体选择程序；

（5）获得遗传算子；

（6）形成新的种群；

（7）进行最佳染色体的优化选择。

经典遗传算法的功能流程如图 3-4 所示。

为了形成原始种群，首先实施初始化过程，其包括随机选择给定数量的染色体。

对于群体的每个染色体，使用所选择的适应度函数估计其适合度。染色体的质量由适应度函数的最大值确定。

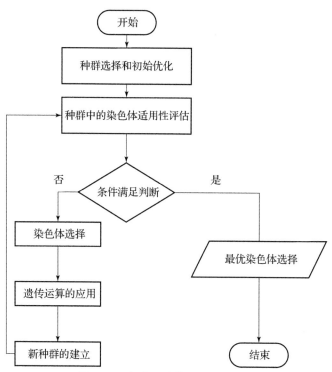

图 3 - 4　经典遗传算法的功能流程

当达到该适应度函数的最大值时，优化问题中停止遗传算法的条件，即在适应度函数建立的最大值处暂停。当达到的值没有改善时或者在一定时间结束后，算法停止，此过程受到控制、校正、仪器操作循环的间隔以及规定的迭代次数的限制。

选择染色体的过程包括选择将参与下一代或下一种群创建的这种染色体。实现选择有多种方法，例如"轮盘赌法"[16,21]：根据适应度函数的值来选择特定染色体，选择允许创建人口为 N 的父种群，其等于当前种群的组成。

杂交和突变的运算如下：

设定 $a_i(i=1,2,3,4)$ 作为有效参数值，而且它们由测试确定。

最常见的适应度函数类型之一为以下函数：

$$\Pi = \sum_{i=1}^{N} (\delta x_i^{\text{fact}} - \delta x_i^*)^2$$

式中，δx_i^{fact} 代表 t_i 时刻的实际值；δx_i^* 为每个染色体在 t_i 时刻对应的值。

（1）杂交运算：

$$c_j = x_j + \alpha(y_j - x_j)$$
$$d_j = x_j + \beta(y_j - x_j)$$

式中，$x_j = \min(a_j, b_j)$；$y_j = \max(a_j, b_j)$；$\alpha, \beta \in (0, 1)$；$j = 1, 2, 3, 4$。

（2）突变运算：

$$b_4 = n + a(m - n)$$

式中，n，m 分别为有效值 a_4 的左、右边界。

遗传算法的缺点是早熟收敛，即达到局部极值而不是全局最小值。例如，遗传算法与少量染色体快速收敛。

通过强制增加选择代的数量可以消除提前收敛的现象。然而，选择代数的增加导致遗传算法在实施中的计算成本增加，这对于机载实施至关重要。

|3.7 改进的紧凑型遗传算法|

作为构建预测模型的算法，可以选择具有成功模型冗余的遗传算法。使用的遗传算法是高刚度系数算法。保留模型参与每个后续选择行的交叉。这种修改允许人们合成紧凑的遗传算法，与传统的遗传算法实现方案相比，其在模型构建的准确性方面损失很小并且具有速度优势。

遗传算法还具有以下降低计算成本的机制：

对于改进的紧凑型遗传算法的合成，建议使用近亲繁殖和远交。近亲繁殖是一种特殊的方法，涉及随机选择一对"夫妇"的第一个成员，第二个成员将尽可能接近它。远交可以形成最多样化的交叉对。使用这些方法对于多极值问题是有效的。

精英选择的方式主要基于只有最好的个体的新种群的形成，其将"父母"和它们的后代和突变体联合起来，遭受过早的趋同。因此，在实际应用中通常使用比例选择或"远交－精英选择"的组合。经常使用的另一种方式为选择挤出。在具有相同基因型的所有模型中，优选具有大适应度函数值的模型。因此，种群中保留了必要的遗传多样性。

当在飞行器的机载计算机中实现遗传算法时，迫切需要降低计算成本。借助由减数分裂相似性组织的交叉程序，可以解决这个问题。减数分裂涉及实施一种减少分裂期间染色体数量的方法，即个体的交配与染色体数量的减少。

因此，改进的紧凑型遗传算法包括一系列降低在飞行器上实施的计算成本的措施。创建简化的模型构建过程不可避免地会导致精度损失，或使建立给定精度模型所需的时间增加。

第 4 章

其他估算算法

|4.1 自组织算法|

与前两种方法不同，自组织算法可以用于具有优先信息最小量的条件，同时可以不考虑一些重要因素。在噪声超过有用信号几倍的情况下，可以使用自组织算法。

由于复杂的系统中各因素之间是相关的，那么在不考虑某些决定因素时可以进行预测。因此，一个因子的测量值还包含与测量因素相关的其他因素信息。使用自组织算法进行预测的方法论原理，是假设在测量（观察表、数据样本）和模型选择标准的集合中包含表征所研究对象动态的综合信息。

因此，自组织算法允许建立一个数学模型，而不需要事先明确所研究对象的规律。在开发数学模型时，必须指定选择标准的集合（自组织标准、模型选择），并且自动选择最优的复杂度模型。

基于自组织算法的外推过程包括：

（1）候选模型生成器；

（2）根据选择标准对提出的模型进行评估；

（3）使用所选模型进行外推计算。

另外，自组织算法基于以下基本原则。

1. 自组织模型的原理

在通过一系列标准选择模型的过程中，模型结构的复杂性增加，并且标准值减小，当标准值达到最小值时，表明已找到最优的复杂度模型。否则，标准值保持不变或增加。

2. 外部补充原则

该原则的原理是：为了解决选择最优复杂度模型的问题，需要使用外部选择标准。

外部选择标准是对参数估计过程中未使用的信息进行计算的标准，并使用称为训练序列的信息来执行参数估计。在没有其他信息的情况下，无法确定最优复杂度模型。此外外部补充的公式和原理是由 S. Bir 制定和给出的。

3. 选择假设

选择假设是指多代（选择阶段）选择的急剧增加会导致退化的产生。

4. D. Gabor 原则

D. Gabor 原则被称为自由选择原则，这是由于在选择过程中，上一阶段的几个模型被转移到每个下一阶段，从而确保了选择的自由。

所选数学模型的充分性由最小选择标准值确定。选择出的这些适合标准，允许消除不必要的、随机的和非信息的状态变量，以确定它们的关系为最佳的方式。"根据莱布尼兹的说法，如果发明者的一半技巧在于逐渐增加组合的复杂性（或模型的生成器构建过程），那么可以认为，另一部分在于选择自组织的标准。"[24,25]

在合成外推算法中，对于模型选择的标准，最为人所知的有：规律性标准，最小位移标准，平衡标准，以及模型简单性、参数多样性、信息等不太受欢迎的标准。这些标准中的每一个都有明显的缺点，所以使用最小偏差准则可以揭示相同的次优模型，这也需要从不同的样本获得模型的重叠。平衡标准是选择模型，这是更清晰地跟踪在观察过程中确定的模式。通常，作为一项规则，在一定的时间间隔内，许多模型对应于预定的模式。该标准以及已经提到的最小位移标准导致了模型的多义选择。

上述每个标准以及大多数已知的选择标准与其他标准一起使用[21,24,25]。选择标准的集合使模型的选择明确无误，而标准的使用使外推算法的实现复杂化——每个标准对模型进行多值选择。这些标准适用于已通过辅助标准选择的模型，辅助标准通常选自问题的每个特定公式中的物理考虑因素。

因此，自组织算法可以获得经济系统的数学模型，进一步用于外推以及控制所研究的系统。

　　未来动态系统的预测状态用于质量功能，在搜索最佳控制时最小化，考虑到新接收的数据，定期进行控制的合成。该控制方法称为预测优化控制。

|4.2　启发式自组织系统|

　　将启发式自组织系统（或程序）定义为具有多行或多层次结构的算法。在该系统的每一行中，使用积分阈值自选有用信息。为了使这些自选项有效，使用一个或多个随机组合生成器。因此，变量的复杂性随着每一行的增加而增加。如果没有非常多的组合，那么它们完整的搜索就会被应用。

　　图 4-1～图 4-3 所示是启发式自组织系统的一些最典型的例子。

　　图 4-1 中，A_i 代表有用信息的阈值自选；G 代表随机组合生成器（假设）；I 代表自我选择标准。

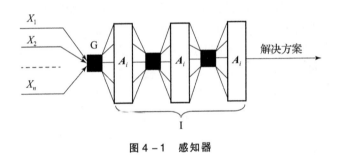

图 4-1　感知器

　　图 4-2 中，A_i 代表有用信息的阈值自选；G 代表随机组合发生器（假设）；Ⅰ，Ⅱ，Ⅲ 分别代表自我选择的标准。

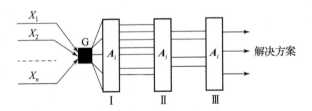

图 4-2　斯坦福大学采用的系统

　　图 4-3 中，A_i 代表有用信息的阈值自选；Ⅰ，Ⅱ，Ⅲ 分别代表自我选择的标准。

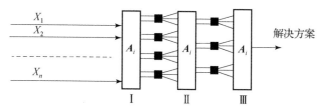

图 4 - 3　基于自变量组计算方法（MGAA）建立的系统

|4.3　自变量组计算方法|

自变量组计算方法（MGAA）使用类似于种子选择规则的算法（使用阈值自选定理）。

在数学算法的编译中使用选择的思想，可以接受如下假设：在第一行自选中被拒绝的无效组合不能给出下一行的最佳组合。作为一个定理，这个假设尚未得到一般性证明，但许多例子可证实其正确性。

假设用一个四阶多项式求解一个复杂曲面的近似问题，该曲面由一系列点定义，根据选择假设，首先选择一系列二阶多项式，最好对应于一个给定的表面。通过阈值自选的帮助选择第二阶最优多项式的一定比例，可以将它们组合起来，以获得一系列四次多项式，其中必然有一个最优多项式。虽然可以立即在第四度的多项式类中查找它，但是这会导致计算量急剧增加。此外，多行结构和阈值自选允许通过消除"有害"特征来找到更准确的解决方案。

在复杂的任务以及植物育种中，至少需要 3~4 代才能获得满意的结果。选择太多会导致组合退化，这在准确性（相关标准或均方误差标准）方面变得显著。最好的解决方案是不从最后一行的结果中选择，而是根据所有行的数据，以防止退化。因此，所有上述选择属性对应于作用在 MGAA 的感知器的属性。显然，这些原则可以用数学方法证明，但到目前为止只能谈论"选择假设"，它也可以表述为：植物和动物选择的启发式规则是在复杂系统中处理信息的最佳算法，也就是说，它们非常接近最好的（按此标准）解决方案。该系统应建立在感知器原理的基础上，即随着生成的变量组合的复杂性增加。根据选择假设，假定在第一行自选中丢弃的无效组合不会导致后续行的有效组合。

参数组计算方法旨在解决技术控制论的各种插值问题：识别多极物体的静态和动态特性的问题、模式识别的问题、预测随机过程和事件的问题、最优控制的问题等。

在该方法中，所有的优化问题都是通过迭代方式解决的，且仅在给定训练和验证序列的基础上，没有使用关于概率分布的信息。对于最佳选项的阈值自选，一致地使用各种启发式标准：根据相关系数、参数的多样性标准，以及矩阵条件性的标准。其中，主要根据最小均方误差的标准。

4.3.1 MGAA 的基本原则与优化标准

关于对象的完整描述可以写为

$$\varphi = f_1(x_1, x_2, x_3, \cdots, x_i) \tag{3.8.1}$$

$y_1 = f_1(x_1, x_2)$，$y_2 = f_2(x_1, x_3)$，$\cdots$，$y_m = f_1(x_{n-1}, x_n)$，其中 $m = C_n^2$。

以下为 MGAA 需要满足的两个条件：

（1）函数 f_1 在所有方程中都相同。消除中间变量之后，可以获得完整描述的"模拟"。

（2）模型必须符合完整说明。通过比较模拟和实际完整描述的一般形式，可以找到用于构造完整描述系数的等式。

如果满足这些条件，即数量很大，MGAA 也可以帮助找到完整方程系数的估计值。

为了能够重复使用相同的数据，有必要在多行系统的每个级别上解决插值问题，且所有 MGAA 都具有此属性。

MGAA 的主要优化标准是最小均方误差的标准，且多次使用该标准来选择一系列优化变量。所有其他标准都是辅助的，目的只是减少计算。最小均方误差的常用回归方法可以确保仅在小区域中进行优化，其中回归多项式的数量小于插值节点的数量。MGAA 的优化不仅包括该区域，还包括这两个数字之间的所有其他关系，更宽的优化区域提供更高的准确性。

利用一般的方法可以找到完整方程的系数值，其提供最小的均方误差。MGAA 为部分方程系数提供了这种选择，在该系数处达到了它们在空间中的最小均方误差，在这种情况下，完整方程的系数是通过从特定方程中消除中间变量来确定的。由于确定最小均方误差的空间坐标不同，使误差最小化的结果也可能不同。为了进一步减小误差，当 MGAA 提供对参数可能组合的部分或完全搜索时，也是根据最小均方误差的标准来执行，最后选择此错误最小的组合。

另外，还根据最小均方误差选择确定要考虑的变量对数的阈值。

4.3.2 变量选择的规则

通过求解正常高斯方程的小系统来计算特定描述的系数，这意味着，它们符合最小均方误差的标准。编写和解决所有可能的参数组合的特定描述以选择最准确的描述，然而一些额外的启发式标准简化了这项工作。下面依次使用两个标准：首先选择参数的"最丰富"组合，然后给出较小的均方误差组合，因此最小均方误差的标准在这里两次被用于 MGAA。如果相应的方程包含比其他方程更多更独立的参数，则称之为"丰富的"或多样化的组合（多样性的标准仅在有助于提高准确性时适用，主要在迭代开始时）。

MGAA 具有多位感知器类结构。只有产生高于阈值的变量（根据上面提到的标准）才能从一个序列传递到下一个序列。阈值通过最终解的最小均方误差的标准来优化，以便在这种情况下第三次在 MGAA 中使用该准则。

1. 将可用数据划分为训练和测试序列的方法

这里所描述的方法基于计算所有可用插值节点的方差大小（更准确地说是与均值的偏差平方）。

第一种方法旨在获得节点，确保了正规方程矩阵的最大条件性。为此，根据方差的大小对点进行排序，其中方差较大的点称为训练序列，较小的点称为测试序列。两个序列中的点数之比为 1∶1～2∶1。这个比率是通过计算多个选项的最小标准误差的标准，由第二个测试序列来确定的。

第二种方法的目的是实现测试和训练序列静态特性的近似相等性（即数学期望、方差和其他参数的相等性）。

为了实现统计等值性，插值节点按方差进行排序并编号，然后使用偶数编号来形成一个序列，使用奇数编号用来形成另一个序列。对于序列大小与测试序列的其他比率，可以选择可被 3、4 整除的所有点与索引作为校验序列。序列的大小的比率可以使用前面的介绍方法，通过优化来确定。

2. 中止规则

当优化阈值时，要传递的变量数量应逐渐增加，直到均方误差减小。随着省略变量数量的进一步增加，误差将增加或保持不变，不必要的计算工作量将增大。

变量选择的级数也根据误差最小化的条件确定。该级数应增加，只要它导致标准误差减小。其中选择的是一个作为输出变量给出最小误差的中间变量。

对于定向，可以使用以下规则：当存在三个变量时，最小误差不应超过二级；当存在四个变量时不应超过五级；当存在五个变量时，最小误差不应超过六级等。在这种情况下，一个完整多项式的模拟包括所有自变量参数，即完整多项式的各项。

3. MGAA 的类型

各种 MGAA 根据基准函数的使用类型而有明显不同，进而在构造对象完整描述的方法中也是如此。MGAA 主要是具有二次多项式的算法，以及具有线性多项式的算法，另外还包括概率算法。

当完整多项式的项数超过 100 时，具有二阶多项式的算法用于描述复杂和大型系统的问题。

下面介绍使用线性多项式的算法。

带有 4 个参数的完整多项式可以写为

$$Z = a_0 + a_1x_1 + a_2x_2 + a_3x_3 + a_4x_4 + a_5x_5 + a_6x_6 + a_7x_7 + a_8x_8 + a_9x_9 +$$
$$a_{10}x_{10} + a_{11}x_{11} + a_{12}x_{12} + a_{13}x_{13} + a_{14}x_{14} + a_{15}x_{15} + a_{16}x_{16}$$

$$(3.8.2)$$

式中，$x_1 = x_1, x_2 = x_2, x_3 = x_3, x_4 = x_4, x_5 = x_1x_2, x_6 = x_1x_3, \cdots, x_{16} = x_1x_2x_3x_4$。

该多项式可以被一系列线性多项式代替：

$$y_1 = b_0^1 + b_1^1x_1 + b_2^1x_2$$
$$y_2 = b_0^2 + b_1^2x_3 + b_4^2x_2$$
$$\cdots$$
$$y_8 = b_0^8 + b_1^8x_{15} + b_2^8x_{16}$$

$$(3.8.3)$$

式（3.8.3）显示的是 8 个中两参数组合的示例之一。

通过选择具有最佳精度的中间变量 y_i，可以创建二级线性多项式。假设变量 y_1，y_5，y_7，y_{13} 的精度最高，对应的两个多项式则可写为

$$z_1 = c_0^1 + c_1^1y_1 + c_2^1y_5$$
$$z_2 = c_0^2 + c_1^2y_7 + c_2^2y_{13}$$

$$(3.8.4)$$

选择 4 种组合中的最佳组合，将两个变量组合成一个输出值 v：

$$v = d_0 + d_1z_1 + d_2z_2$$

$$(3.8.5)$$

消除来自所有得到的部分多项式的中间变量，将获得用于构造完全多项式系数的公式。

4. MGAA 的主要优点

通常遇到的问题为，如果直接使用完整多项式，而不使用部分多项式，则它们没有足够的数据来确定正常高斯方程的系数。即使存在一个很长的训练序列，也找不到足够快的计算机来解决这些方程。因此，完整多项式只能解决非常简单的任务。

　　由完整多项式构造的方程矩阵总是受到条件制约。但是在各种偏微分方程的小矩阵中，总是可以选择条件良好的矩阵，并应用下面提到的其他正则化方法。

　　如果训练序列是有限的或很短，那么一些参数和中间变量是不利的。这意味着如果去掉这些变量，整体的准确性将增加。这项工作很重要，并且可以通过在每个选择系列之后对变量进行阈值自选来完成。

　　当动态对象在随机条件下运行时，关于其先验信息的量通常是最小的，因此最好使用自组织方法进行外推。在动态对象上假设使用自组织算法来实现。通常，这种算法对于车载计算机的速度、紧凑性和易于实现的程度提出非常严格的要求。特别是在预测高机动的动态对象状态时，这些要求尤其重要。

　　模型的自组织原理可以表述如下：随着模型复杂性的逐渐增加，内部标准的值（在存在噪声的情况下）单调下降。在相同的条件下，所有外部准则都通过它们的最小值（极值），从而可以确定最优复杂度模型，而每个外部准则只有一个。也就是说，通过从最简单的模型迭代到更复杂的模型，或者相反，从复杂模型迭代到最简单的模型，来确定最优复杂度模型。该模型对于每个外部标准都是唯一的。为了成功解决建模问题，重要的是根据要解决建模问题的类型选择外部判据。

　　自组织算法基于以下原则：

　　（1）自组织模型的原理。它包括通过模型结构的复杂性实现最小外部标准的值。通过向其增加第二个标准，可以避免多种选择或对输入数据中较小变化的过度敏感。

　　（2）外部补充的原则。根据外部标准，可了解计算参数评估中未使用信息的标准。也就是说，根据已经用于评估参数的训练序列，不可能找到最佳复杂度的唯一模型。

　　（3）歌德尔（GODEL）方法的自组织模型。基于歌德尔不完全定理——没有任何公理系统可以在逻辑上闭合，人们总是可以找到一个需要外部补充的定理（原始公理系统的扩展）来证明。

　　（4）模型选择的外部标准。

　　（5）将数据表划分为——培训、测试和检验样本。

　　（6）保持选择自由的原则。基于非最终 D. Gabor 解决方案的原则为：当前一行的几个最佳解决方案有足够的"选择自由"时，任何单行程序都可以被多行替换（需要更少的计数时间）。

　　实现自组织算法需要满足以下三个条件：

　　（1）需要具备一个初始组织（参考函数的集合）；

　　（2）该机构存在随机变化（突变）的机制（多个模型 – 候选人）；

（3）存在一种选择机制，通过这种机制，可以根据它们改善组织的有效性来评估这些突变（自组织算法）。

5. 参考函数的选择

在很大程度上，模型自组织的成功取决于支持函数类的选择。如果参考函数不能使用部分模型的组合来重构对象的结构，则近似问题仍然能够得到解决，但是，由于它不是对象的物理模型，该结果通常仅适用于预测而不适用于对象识别。

如果选择支持函数的类别足够多，则可以解决选择描述的任务。可用的先验信息允许将范围缩小到几种类型的支持函数，以及基于它们获得的模型结构。

在自组织方法中，诸如幂多项式、三角函数和指数函数的参考函数可用于趋势提取算法。如果在参考函数系统中同时包括几种类型，那么，可以得到包含幂多项式和指数函数的和或乘积的混合函数。

通过对研究过程的性质分析，可以显著减少基准函数集合，从而减少该算法的时间和用于其工作所需的存储器。

例如，对 INS 误差变化性质的分析可知，建议使用一组正弦曲线作为基函数。所以，INS 误差模型对应的是由正弦函数修正的线性趋势。

6. 标准的选择

根据前面所述的哥德尔外部补充原则，通常需要选定一个标准，用于挑选最优复杂度模型。

这需要将数据表拆分为两个部分 A 和 B。A 部分是训练样本，B 部分是验证样本。有时，还可以再划分出部分 C——检查样本。三个部分用于评估不同的模型，并且有时也用于将选择最优划分成训练和验证序列。在这种情况下，从训练序列中的函数集中选择最佳模型，并使用该准则在验证序列中选择一个或两个最佳函数。

其中最常用的有以下标准。

1）最小偏差的标准——一致性

根据该标准，根据某个观察间隔或在某个观察点获得的估计模型，应尽可能与根据另一个观察间隔或另一个观察点获得的模型一致。

其标准之一具有以下形式：

$$n_{sm}^2 = \frac{1}{n} \sum_{t \in N} (y_t^A - y_t^B)^2 \to \min \qquad (3.8.6)$$

2）规律性标准

该标准可以确定模型在测试样品上的标准偏差，即

$$\Delta^2(B) = \frac{\sum_{t \in N}(y_t^M - y_t)^2}{\sum_{t \in N}y_t^2} \to \min \qquad (3.8.7)$$

如果假设在一个恒定的条件下，一个良好的近似能够保证未来时间内的近似优越性，那么在建立短期预测的模型时可以使用规律性标准。在新的实现上获得的解决方案只给出很小的偏差，并且以这种方式找到的模型将是有规律的，即对原始数据中小的变化不敏感。同时，重要的变量在选择过程中可能丢失，其产生的影响将通过其他变量间接考虑。

3）平衡标准

在一系列恒定条件下，并且在没有违反对象结构的情况下，作用于观察时间间隔（特征变量的关系）的规律将保留下来。根据这个标准，从所获得的所有模型中，选择在特定时间间隔中最佳对应于给定模式的模型 $f(u_1(t), u_2(t), \cdots u_s(t)) = 0$ 设为平衡函数（即有关变量 $u_i(t)$，$i = 1$，2，$\cdots$，s 的规律）。在所有变量预测模型的集合中，对于变量 $u_i(t)$ 应该选择在外推间隔中最佳地执行该比率的模型。变量的不平衡可以表示为 $b_i = f(u_1(t_i), \cdots, u_s(t_i))$，其中，$t_i$ 为预测区间中的时间点。平衡标准允许从每个预测过程的可能趋势的辐射面中选择最佳预测。在许多情况下，表示变量之间关系的函数很容易从物理表示中识别。在其他情况下，可以通过使用参数组计算方法来确定变量的关系。

4）简单标准

简单标准，即作为最优复杂度的模型，一般为更简单的参考函数选择参数较少的模型。

4.4　导航测量系统的动态系统合成

4.4.1　测量系统的系统合成

这里使用系统合成的概念[21,24]来执行导航系统算法软件的创建。

在较少数量的变量（信道）子空间上的投影，充分反映了变量在原始空间中的情况。主要参数（信道的尺寸）的数量通常很少，但足够好地反映了

所研究的过程。在实践中，可以基于关于所研究对象的先验和后验信息以及车载计算机的计算能力来确定信道的维度。为了确定信道，已经开发了一种适当的方法用来选择标准，并在此基础上选择关键参数。但是当导航测量系统发挥作用时，环境和状态会随着时间的推移而发生显著变化（例如，飞机的机动操纵）。在这种情况下，所选择的主导参数不能充分反映所研究的过程，因此信道方向改变。那些先前不具有决定性的参数，现在表征了所研究的过程。同时，一些关键参数在描述过程时变得无关紧要，并且未在模型中使用。在导航测量系统中，采用可观察度标准作为选择模型关键参数的标准。因此在系统复合过程中，只有观测到良好状态的变量才被包含在模型中。

如果在导航测量系统操作的第一阶段，状态矢量的一些组分被弱观测并且未被评估，那么随着时间的推移，可以使用更详细的研究过程模型，并且这些组分的可观测性可能提高。在这种情况下，将弱观测分量代入状态矢量的估计分量的类别中。随着有用信息的积累，使用自组织算法构建一个更详细的研究过程模型。

如果使用更详细的模型，会导致特定参数的可观测性提高，则估计状态矢量扩展并且最终（在导航测量系统的所有参数变得良好可观测的情况下）实现向完整状态矢量的转变。

所述非线性模型的合成是按照系统合成的概念，将状态变量选择为线性模型。这些状态变量对于所研究的过程在线性表示中是关键和决定性的。另外，非线性模型合成中的集合选择标准不包含可观测性程度的标准，因为这些标准仅对线性情况有效。

导航测量系统的算法支持的发展也基于合理统一的原则。提高算法软件的统一程度不仅降低了系统成本，还减少了算法错误和计算错误，因此对于飞行器的导航测量系统的合成这是一项重要而紧迫的任务。根据系统复合的概念，有必要合理地减少所用模型的参数数量。可以通过选择具有不同变化率的变量来减少所用模型的参数数量。通常区分"慢""正常"和"快速"变量[94]。当情况发生变化时，信息处理如下：慢变量被常量替换，快速变量被其平均值替换。如果快速变量对流程描述没有显著影响，则建议将它们完全排除在考虑范围之外。此外，经过处理后都是更精确的变量。

导航测量系统模型状态变量的层次结构如图 4 – 4 所示。

状态变量的层次结构在受体作用的使用中呈现。

导航测量系统行动的受体模型形成的功能如图 4 – 5 所示。

从图 4 – 5 定义的模型参数中，通过具有低阈值的可观测性标准来区分主要参数。而且，根据飞行器的操作模式不同，形成不同类型的模型。对于强机动模式，使用可观测性程度的数值标准选择参数，但阈值较高。这种概念方法可以有效地定义要选择的参数。

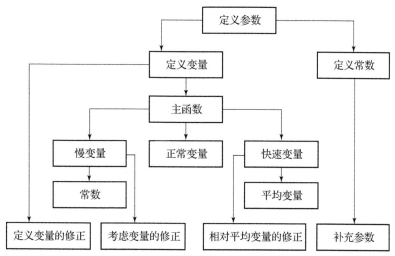

图 4 - 4　导航测量系统模型状态变量的层次结构

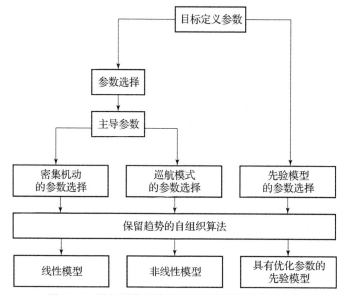

图 4 - 5　导航测量系统行动的受体模型形成的功能

当飞行器以巡航模式运动时，选择使用可观测性标准作为主要参数，其阈值略低于强机动模式。这是由于该方式能够获得大量的测量样本，并且可靠地反映所研究过程。在这种情况下，最好增加所研究过程描述中涉及的参数数量，从而构建更完整和准确的模型。

使用系统合成的方法，对开发飞行器导航系统进行论证，我们提出了增加可观测性和可控性的状态变量作为导航系统的关键参数，并且，这些状态变量的关系是通过使用线性趋势算法和自组织算法确定的。使用系统综合和合理统一的方法来开发飞行器导航测量系统算法，使得在现代串行机载计算机中实现算法支持成为可能。

基于系统合成的概念，本书研究具有可变结构的导航系统算法软件的组建方法。在复合系统的操作过程中，选择其仪器的组成；在导航系统操作的每个间隔建立最有效状态变量模型，它们用于算法软件中的校正。使用基于飞行前训练数据的选择标准集合来确定要使用的状态变量，根据飞行器的计划飞行模式进行模型的系统复合。对于复杂的信息处理算法则采用具有最高可观测性程度和状态变量可控性的模型。

由于导航系统的算法可在飞行器机上执行，因此，为了简化算法并同时提高导航定义的准确性，这里使用系统合成的概念。在飞行器和导航系统的控制系统中使用系统复合假设对先验信息进行分析，并在其基础上确定所研究对象结构的最佳配置。

为了开发高效的软件和导航系统算法需要引入新的信息技术和方法。

信息感知和生物思维的方法与计算机的算法不同，生物发挥作用的环境在相空间中具有一定的参数，其中一些参数被生物用于对环境的分析和预测。这些参数被称为关键参数。在较少数量的变量子空间上存在投影，这些变量充分反映了原始变量空间中的情况，它们被称为信道。

例如，在一些哺乳动物精神紧张的情况下，因为要迅速作出决定采取行动，在第一阶段进行黑白视觉信息处理；在第二阶段，感知需要更多处理时间的更详细和完整的颜色信息，并在其基础上对相应的情况作出新的决定。在导航系统的合成中，建议使用类似的信息进行逻辑处理。

通常，信道的维度（很好地反映了所研究的过程的关键参数的数量）并不是很好。在现实中，它是由关于对象和车载计算机计算能力的先验和后验信息确定的。

对于信道的确定，有必要形成一组标准来选择关键参数。然而，在动态对象的运行期间，导航的环境和状态可能发生明显变化，这可能导致所选定的关键参数将不再充分反映正在研究的过程，即信道的变化。例如，在飞行器的密集机动和操纵期间可能出现这种情况。

另外，可能还存在一种状况，即信道已经结束，并且无法确定新的信道。在这种情况下，不能分离出关键的参数；否则情况的不确定性和定义过程的参数数量将急剧增加。在相空间中，这些区域被称为小丑区域，在本书中不予考虑。

从系统合成的概念出发，还有必要选择定义所研究过程的关键状态变量，并使用进化模型构建方法确定这些状态变量之间的关系。

线性趋势的特点是简单和可靠，在有限的测量样本条件下，即使在较大的噪声值下，也可以确定所研究过程的变化趋势。

本节提出了使用系统合成的方法来开发现代导航系统飞行器的可能性，使用具有增强的可观测性和可控性特征的状态变量作为形成 INS 误差模型的主要参数，并借助构造线性趋势的算法和自组织算法来定义这些状态变量之间的关系。使用系统合成的方法来形成导航系统算法，允许在现代串行车载计算机中创建算法软件。

因此，对于使用系统合成的方法发展的导航系统现代飞行器，建议仅使用可观测性和可控性特征增强的状态变量作为形成 INS 误差模型的主要参数，这些状态变量的相互关系通过线性趋势构建算法和自组织算法确定。

4.4.2　测量系统的动态系统合成

通常，在为测量系统和控制系统开发算法软件时，假设模型的顺序及其结构是已知的。事实上，在某些情况下，真实对象的顺序并不完全清楚。1994年，Krasovsky A. A. 提出了具有外推的自组织最优调节器的概念。该概念涉及使用不同顺序的模型实现多个卡尔曼滤波器，分析它们的估计并选择模型的最佳顺序，但在这个过程中卡尔曼滤波器所考虑的先验模型集是有限的。

另一种方法是由 Mikub E. A.、Zubov N. E.、Ryabchenko V. N. 共同开发的，他们提出的方法涉及构建不确定系统的虚拟模型。该虚拟模型是在假定系统可能值上限已知的情况下构建的。

Ivakhnenko A. G. 提出的自组织算法则允许构建具有最优复杂度的模型，但模型的结构在很大程度上取决于基本函数的选择，并且通常很难将它们用于控制算法的合成。

Kraisselmayer、Kopysovao. Yu 提出的自适应方法理论，有助于获得确定对象的结构、参数和状态问题的解决方案。然而在问题的随机表述中，自适应观测的估计将会有偏差。

S. Kurdyumov 提出的系统合成概念，由 Neusypin K. A. 和 Proletarsky A. V. 进一步研究发展，允许建立模型的任何列，但需要选择一组标准，以选择不考虑所研究过程的动态模型。在对象操作期间，模型的选择往往变得不理想，因为分析是在最后一个测量样本上进行的，以获得插值模型（测量老化的影响）。

人们使用所开发的动态系统合成方法成功地消除了已知方法的缺点和局限

性，该方法基于这些方法的组合提出。

人们开发了动态系统的合成方法并将其应用于开发高精度数控和算法支持结构任务。在具有智能组件的测量系统的操作过程中，复合体的可变结构是在对状态变量的分析和在飞行中建立的 INS 误差的数学模型的基础上形成的。使用选择标准的集合来选择模型的主要参数：可观测性程度的标准和可控性程度的标准。导航系统的算法支持使用具有最高可观测性程度和状态变量可控性的自组织模型。

在飞行器的导航系统中使用系统合成的方法可以简化算法软件的实现并提高导航定义的准确性。系统合成用于确定导航系统的结构和算法软件中使用的数学模型的状态矢量的组成。系统合成用于导航系统的设计，动态系统合成方法可以帮助人们确定最佳的导航系统架构，并在飞行器飞行期间形成导航系统算法。

4.4.3　动态系统的合成方法

开发高效软件和导航系统的算法都需要使用新的信息技术和方法，例如系统合成的方法。

理论上，飞行器的导航系统工作的环境是需要大量参数描述的，其中一些参数是决定性的、关键的或显性的，并且这些参数用于导航系统的算法支持。在较少数量的变量子空间上存在投影，其具有足够的充分性来反映变量的初始空间中的情况。在这些信息最丰富的状态变量中形成了信道。在选择标准的集合的帮助下确定信道的维度，即强调了反映研究过程的状态变量。在实际应用中，信道的尺寸通常很小。

在导航系统的设计阶段，借助选择标准的集合和所研究过程的先验信息，选择关键参数并确定导航系统的架构以及算法支持模型。然而，在飞行器导航系统的功能运行过程中，外部干扰和导航系统的固有状态可能发生显著变化。因此，关键参数已经不足以反映实际过程。随着飞行器的密集操纵，出现以前不具有决定性，但现在表征导航系统状态的参数，而其他关键参数变得无关紧要并且脱离了信道。

4.4.4　模型构建算法

为了构建飞行器导航系统算法的支持模型，还可以使用进化算法，例如通过自组织算法模拟选择、再现和继承的过程。

自组织算法基于使用标准集合的模型选择假设。自组织算法模型具有以下形式：

$$M(x) = \sum_{i=1}^{N} a_i \mu_{ni}(f_i x) \qquad (3.9.1)$$

式中，N 为模型中基函数的数量；μ_{ni} 为 F_p 的基函数。

在模型选择算法中使用可观测性程度的和可识别性程度的标准，可以获得具有改进质量特性的模型。自组织算法可以自动选择生成的模型中最重要的状态变量。

在导航系统中，BKS 模块被设计用于确定可观测性和可控性程度[19,20,21]，以及形成用于估计和控制算法的测量，和用于构建预测模型的 APM 模块。

图 4 – 6 所示是实现动态系统合成方法的集成算法功能。

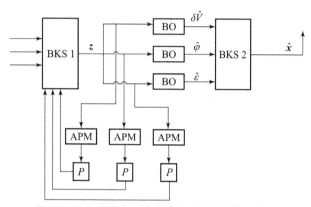

图 4 – 6 实现动态系统合成方法的集成算法功能

图中，BKS 表示一个集成和比较模块；APM 表示一种模型构建的算法；P 为预测算法；BO 代表评估单位；z 表示测量。

在模块 BKS1 中，确定可观测性程度和测量的形成，其在估计算法中使用，并且还在模块 APM 中用于构建预测模型。

BKS1 模块按照图 4 – 7 所示的算法进行。

在选择可观测性的阶段使用可以构建具有改进质量特征的模型。使用自组织算法构建模型，该算法可以自动选择正在训练的模型中的最重要的状态变量。

在数学模型的帮助下，INS 误差的预测在一定的时间间隔内进行，该时间间隔根据飞行器的操作模式选择。在模块 BKS1 中分配的测量信号被发送到模块 BO，同时使用估计算法，抑制测量噪声并且纠正 INS 错误的整个矢量。

从 INS 的输出信号中减去与具有估计误差的估计状态矢量成比例的信号，并且确定飞行器导航的准确度增加。由于模块 BKS1 的选择标准的集合包括可观测性和可控性程度的标准，因此在导航系统的算法中仅使用良好观测和受控的状态变量。

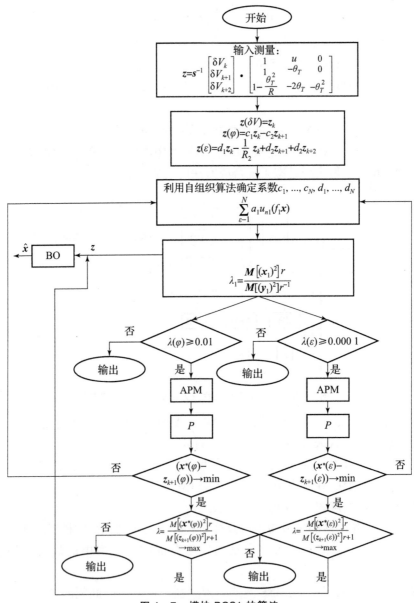

图 4-7 模块 BCS1 的算法

当飞行器导航系统的运行模式改变时，在模块 BKS1 中分析状态变量的可观测性和可控性，并自动选择导航系统的最佳结构。

在模块 APM 中获得的数学模型用于估计算法以确定所研究系统的状态，以及模块 BKS1 选择标准的集合。

如果在导航系统操作的第一阶段，状态矢量的某些分量被弱观测并且未经过评估，则随着时间的推移，可以使用更详细的研究过程模型，并且这些组分的可观测性程度可能提高。在这种情况下，过去弱观测的成分（已经很好地被观测到）包括在信道的组成中，即传递到状态矢量的估计分量的类别。使用自组织算法累积有用信息，可构建更详细的研究过程模型。

如果使用更详细的模型导致特定参数的可观测性程度提高，则估计状态矢量扩展并最终（在复合体的所有参数变得"良好"可观测的情况下）发生从缩减到通常的满状态矢量的转变。在模块 BO 中，使用标量估计算法。因此，如果状态矢量的维度改变，则不需要被评估的过程的模型的矩阵以及用于计算估计误差的放大矩阵和协方差矩阵的公式。

使用可观测性程度的标准所考虑的因素和使用状态变量的可控性程度的标准是类似的。

评估过程的模型使用进化算法为标量形式的每个变量构建 INS 错误。在动态系统合成概念的框架内，在"导航系统－飞行器"的运行过程中，进行能确定所研究过程的主导状态变量的选择。导航系统的算法在现代串行板载计算机中很容易实现。

可观测性程度和可控性程度的标准用于构建模型的算法中，可以赋予它们改进的质量特征：高度可观测性和可控性。

第 5 章

模型构建和估算算法的实际应用

|5.1 逼近机动目标时对飞行器的最优控制|

因为飞行器总受随机因素作用，飞行器逼近目标任务总是随机的，目标进行随机运动，且测量过程总伴有干扰。结果表明，原随机逼近问题可分解为确定最优控制问题和随机最优估计问题。分解原理适用于线性最优控制问题，线性方程用于测量状态矢量，二次判据用于随机条件下的估计质量。本节主要研究以反馈控制形式寻找解决方案的问题。

首先研究飞行器逼近具有正弦法向加速度机动目标的解决方案。目标通常有多种机动方式，当目标进行随机相位正弦机动时，脱靶概率密度函数满足双峰分布定律，该种目标机动有时被称为"平面蛇"和"空间蛇"型机动。类似目标机动为最有效机动之一，飞行器最优控制运动如图 5 - 1 所示。真实视线（也称为当前视线）与标称视线夹角为 q。飞行器与标称视线的最终偏差为误差 h。需要形成控制信号 u，以使控制过程误差 h 最小。图中，V_T 为目标速度；V_{sc} 为飞行器速度；q 为视线倾角；r 为距离；θ_T 和 θ_{sc} 分别为目标和飞行器速度矢量倾角。

飞行器相对标称轨迹的运动由如下方程表示：

$$\ddot{y} = u \tag{5.1.1}$$

式中，u 为未知控制矢量，是飞行器相对标称视线的法线加速度。

飞行器相对标称轨迹的运动用如下方程表示：

$$\dot{x}_1 = x_2 ; \quad \dot{x}_2 = u - a_T \tag{5.1.2}$$

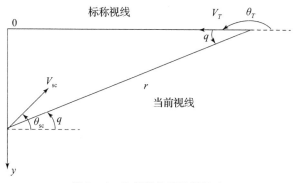

图 5－1　飞行器最优控制运动

式中，$\boldsymbol{a}_T$ 按正弦定律变化，受亮点"闪动"引起的随机扰动，包含指数相关函数 $\sigma_\eta^2 e^{-a|\tau|}$ 和如下谱密度：

$$S(\omega) = \sigma_T^2 \frac{2\alpha}{\alpha^2 + \omega^2} \tag{5.1.3}$$

式中，σ_T^2 代表亮点"闪动"方差；α 为其光谱。

信号平均值和相关函数——目标机动和亮点"闪动"形式可写为下式：

$$M[\boldsymbol{a}_T(t)] = A_T \sin(\Omega_T t + \phi)$$

$$M[\boldsymbol{a}_T(t)\boldsymbol{a}_T(t')] = \frac{1}{2}A_T^2 \cos\Omega_T \tau \exp(-\alpha\tau) \tag{4.1.4}$$

式中，A_T 为机动的幅度；Ω_T 为目标机动角频率；ϕ 为均匀分布相位；$\tau = |t - t'|$ 和 $\frac{1}{2}A_T^2$ 为机动时目标法向加速度信号的相关时间和相关程度。

初态 $\boldsymbol{x}_1(t_0) = \boldsymbol{y}(t_0)$ 和 $\boldsymbol{x}_2(t_0) = \dot{\boldsymbol{y}}(t_0)$ 为随机矢量，且具有如下特性：

$$M[\boldsymbol{x}_1(t_0)] = M[\boldsymbol{x}_2(t_0)] = 0$$

$$M[\boldsymbol{x}_1^2(t_0)] = 0 \tag{5.1.5}$$

$$M[\boldsymbol{x}_2^2(t_0)] = \sigma_V^2$$

以上式中，A_T，Ω_T，σ_V^2 和 α 为给定的正值常数。

假设在逼近目标的过程中，飞行器连续测量当前视线和标称视线夹角 q，取 $|q| \ll 1$，那么有：

$$q = \frac{y}{V(t_f - t)} = \frac{x_1}{V(t_f - t)} \tag{5.1.6}$$

由于测量受到随机干扰，观测方程具有以下形式：

$$z = \frac{x_1}{V(t_f - t)} + v \tag{5.1.7}$$

式中，v 为零数学期望和给定强度 σ_q^2 的白噪声，V 为飞行器逼近目标的速度。

跟踪过程控制的质量标准如下式所示：

$$J = M\left[x_1^2(t_f) + \int_{t_0}^{t_f} \beta u^2(t)\,dt \right] \tag{5.1.8}$$

选择能约束控制的正值常数，表示为 β。

系统的状态由以下微分方程确定：

$$\dot{x} = Ax + Bu + w$$

观测方程的矢量形式如下：

$$z = Hx + v$$

式中，$x = \begin{bmatrix} x_1 \\ x_2 \\ a_T \end{bmatrix}$；$A = \begin{bmatrix} 0 & 1 & 0 \\ 0 & 0 & -1 \\ 0 & 0 & A_T \Omega_T \sin(\Omega_T t + \phi) \end{bmatrix}$；$B = \begin{bmatrix} 0 & 1 & 0 \end{bmatrix}^T$；$H =$

$\begin{bmatrix} \dfrac{1}{V(t_f - t)} & 0 & 0 \end{bmatrix}$；$v$ 为强度为 σ_{Vq}^2 的白噪声。

矩阵 $w = \begin{bmatrix} 0 & 0 & \sqrt{2\alpha}\sigma_T n_0 \end{bmatrix}$ 代表矢量白噪声，其强度矩阵如下：

$$Q_0 = \begin{bmatrix} 0 & 0 & 0 \\ 0 & 0 & 0 \\ 0 & 0 & 2\alpha\sigma_T^2 \end{bmatrix}$$

式（5.1.8）的最优标准可以写为

$$J = M\left\{ x^T(t_f) F x(t_f) + \int_{t_0}^{t_f} \beta u^2(t)\,dt \right\} \tag{5.1.9}$$

式中，矩阵 $F = \begin{bmatrix} 1 & 0 & 0 \\ 0 & 0 & 0 \\ 0 & 0 & 0 \end{bmatrix}$。

初始状态 $x(t_0)$ 的方差矩阵 P_0 值确定如下：

$$P_0 = \begin{bmatrix} 0 & 0 & 0 \\ 0 & \sigma_V^2 & 0 \\ 0 & 0 & 0 \end{bmatrix}$$

而状态矢量估值 $\hat{x}$ 由如下方程确定：

$$\dot{\hat{x}} = A\hat{x} + Bu + K(z - H\hat{x}) \tag{5.1.10}$$

式中，K 是卡尔曼滤波器的系数矩阵，有关系式 $K = PH^T R_0^{-1}$，方差矩阵 P 由 Riccati 矩阵的微分方程确定：

$$\dot{P} = AP + PA^T - PH^T R_0^{-1} HP + Q_0 \tag{5.1.11}$$

式 (5.1.11) 符合初始条件 $\boldsymbol{P}(t_0) = \boldsymbol{P}_0$。另外，$R_0$ 为测量噪声强度：$R_0 = \sigma_q^2$。

最优控制方程的形式如下：

$$\boldsymbol{u} = -\frac{1}{\beta}\boldsymbol{B}^{\mathrm{T}}\boldsymbol{M}\hat{\boldsymbol{x}} = -\frac{1}{\beta}(\boldsymbol{L}_{1,2}\hat{\boldsymbol{x}}_1 + \boldsymbol{L}_{2,2}\hat{\boldsymbol{x}}_2 + \boldsymbol{L}_{1,3}\hat{a}_T) \qquad (5.1.12)$$

式中，对称矩阵 $\boldsymbol{M}$ 是 Riccati 矩阵微分方程的解：

$$\dot{\boldsymbol{M}} = -\boldsymbol{M}\boldsymbol{A} - \boldsymbol{A}^{\mathrm{T}}\boldsymbol{M} + \frac{1}{\beta}\boldsymbol{M}\boldsymbol{B}\boldsymbol{B}^{\mathrm{T}}\boldsymbol{M} \qquad (5.1.13)$$

在逼近过程的最终时刻有 $\boldsymbol{M}(t_f) = \boldsymbol{F}$。

逼近目标的过程中，飞行器的误差可由下列方程表示：

$$\boldsymbol{h}(t) = \boldsymbol{x}_1 + (t_f - t)\boldsymbol{x}_2 \qquad (5.1.14)$$

用于逼近目标的最优控制系统示意如图 5 - 2 所示。

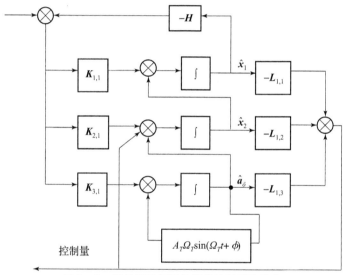

图 5 - 2　用于逼近目标的最优控制系统示意

求解方差矩阵 $\boldsymbol{P}$ 和控制系数矩阵 $\boldsymbol{L}$ 的 Riccati 微分方程是一个很复杂的问题。文献 [16] 给出了求解 Riccati 矩阵方程的近似方法。在求解方差矩阵方程时，考虑该方法的主要结果。

用 $\boldsymbol{E}(t)$ 表示 ($2n \times 2n$) 维矩阵，基于 $\boldsymbol{P}$ 微分方程表示如下：

$$\boldsymbol{E}(t) = \begin{bmatrix} -\boldsymbol{A}^{\mathrm{T}}(t) & \boldsymbol{H}^{\mathrm{T}}(t)\boldsymbol{R}_0^{-1}(t)\boldsymbol{H}(t) \\ \boldsymbol{Q}_0(t) & \boldsymbol{A}(t) \end{bmatrix} \qquad (5.1.15)$$

$\boldsymbol{E}(t)$ 的 ($2n \times 2n$) 维变换矩阵 $\boldsymbol{\theta}(t, t_0)$ 由以下关系确定：

$$\dot{\boldsymbol{\theta}}(t, t_0) = \boldsymbol{E}(t)\boldsymbol{\theta}(t, t_0) ; \boldsymbol{\theta}(t_0, t_0) = \boldsymbol{I}_{2n} \qquad (5.1.16)$$

用 4 个 ($n \times n$) 维子矩阵 $\boldsymbol{\theta}_{ij}(t, t_0)$ 表示矩阵 $\boldsymbol{\theta}(t, t_0)$，则 Riccati 矩阵微分方程的通解为

$$\boldsymbol{P}(t) = [\boldsymbol{\theta}_{21}(t, t_0) + \boldsymbol{\theta}_{22}(t, t_0)\boldsymbol{P}(t_0)][\boldsymbol{\theta}_{11}(t, t_0) + \boldsymbol{\theta}_{12}(t, t_0)\boldsymbol{P}(t_0)]^{-1}$$

$$(5.1.17)$$

对于任意 $t \geq t_0$ 和任意非负确定矩阵 $\boldsymbol{P}(t_0)$，式（5.1.17）中第二个方括号中的矩阵均为非奇异矩阵。

式（5.1.17）的结果具有重要的实际意义，尤其是对与时间无关的系统，即静止过程（矩阵 $\boldsymbol{A}$，$\boldsymbol{H}$，$\boldsymbol{Q}_0$ 和 $\boldsymbol{R}_0$ 不随时间变化）。该情况下，矩阵 $\boldsymbol{E}$ 也为常值，变化矩阵 $\boldsymbol{\theta}$ 仅为其自变量差 Δt 的函数。对于任意值 Δt，均可使用如下指数形式精确计算矩阵 $\boldsymbol{\theta}$：

$$\boldsymbol{\theta}(\Delta t) = e^{\boldsymbol{E} \cdot \Delta t} = \boldsymbol{I} + \boldsymbol{E} \cdot \Delta t + \ldots + \boldsymbol{E}^k \frac{(\Delta t)^k}{k!} \qquad (5.1.18)$$

使用式（5.1.18）可以得到相应表达式，在这个过程中不需要积分。

对于控制信号 $\boldsymbol{u}$，也可以通过研究得到。例如，在目标正弦机动、目标反射信号及测量噪声波动的条件下，必须对这三种情况进行仿真，并估计控制过程中的误差概率密度。

因此，这里针对以下三种情况对飞行器逼近目标任务进行仿真：

（1）目标做匀速直线运动。飞行器测量系统仅受谱密度 $S(\omega) = \sigma_q^2$ 的白噪声作用。

（2）目标做匀速直线运动。目标反射信号包含相关时间为 $\frac{1}{\alpha}$ 的波动干扰，且飞行器导航测量系统中存在白噪声，即测量噪声。目标反射信号的光谱密度为

$$S(\omega) = \frac{2\sigma_T^2 \alpha}{\alpha^2 + \omega^2};$$

（3）目标按均匀分布初相的正弦规律机动。目标反射信号包含波动干扰，且测量过程中存在白噪声。信号的谱密度为

$$S(\omega) = \frac{2\pi A_T^2}{4}[\delta(\omega + \Omega_T) + \delta(\omega - \Omega_T)] + \frac{2\sigma_T^2 \alpha}{\alpha^2 + \omega^2} + \sigma_q^2。$$

在进行最优控制任务仿真时，使用如下初始测试数据：

（1）飞行器和目标间初始距离：$r_0 = 1\,500$ m；

（2）飞行器的运动速度：$V_{sc} = 1\,000$ m/s；

（3）目标的运动速度：$V_T = 400$ m/s；

（4）重力加速度：$g = 9.81$ m/s^2；

（5）飞行器的最长飞行时间：$t_{\max} = 3$ s；

（6）飞行器最大法向加速度（最大控制作用力）：$u_{\max} = \pm 12g$；

（7）目标最大法向加速度：$a_{T\max} = \pm 5g$；

（8）目标视线相对水平线的初始角：$q_0 = \pi/16$ rad；

（9）视线角确定误差均方差：$\sigma_q = 0.02$ rad/s；

（10）反射信号波动引起的干扰均方差：$\sigma_T = 0.01g$。

在第一种情况下，测量系统中仅有标准稳态噪声 $\xi_1(t)$，其概率密度为

$$q(t) = \xi_1(t)$$

$$w(q) = w(\xi_1) = \frac{1}{\sigma_q \sqrt{2\pi}} \exp\left(-\frac{\xi_1^2}{2\sigma_q^2}\right) \tag{5.1.19}$$

由于系统是线性的，误差概率 $P(h)$ 具有正态分布形式，其数学期望为零，目标测量均方差取不同值（$\sigma_q = 0.004$，$\sigma_q = 0.01$ rad/s 和 $\sigma_q = 0.04$ rad/s）。在控制过程中，飞行器法向加速度（控制作用）变化不大，其值不超过 $\pm 2.10^{-2}g$，且飞行器运动轨迹几乎为直线。

基于仿真结果分析，可以得出结论，最大误差概率在 ± 10 m 范围内，这对于现代飞行器是可以接受的。

在第二种情况下，输入控制系统的信号 $q(t)$ 是两个信号的总和：$\xi_1(t)$（其分布同第一种情况）和 $\xi_2(t)$（表征概率分布如下的反射信号波动）[33]。

$$w(\xi_2) = \sigma_u^2 \exp(-\alpha\xi_2) \tag{5.1.20}$$

$$q(t) = \xi_1(t) + \xi_2(t) \tag{5.1.21}$$

令测试目标测量过程中 $\sigma_T = 5 \sim 10$ m。

当 a 值较大时，目标反射信号波动可被认为平均值为零，方差为 σ_η^2 的白噪声。

假设 $\xi_1(t)$ 和 $\xi_2(t)$ 不相关，在这种情况下，

$$w(\xi_1, \xi_2) = \frac{1}{\sigma_q \sigma_T \sqrt{2\pi}} \exp\left(-\frac{\xi_1^2}{2\sigma_q^2} - \frac{\xi_2^2}{2\sigma_T^2}\right) \tag{5.1.22}$$

式中，$\sigma_q^* = \sigma_q g/2\pi$。

通过式（5.1.22）可以找到两个信号之和的概率密度：

$$w(q) = \frac{1}{\sigma_q^* \sigma_T \sqrt{2\pi}} \int_{-\infty}^{\infty} \exp\left[-\frac{(q-\xi_2)^2}{2\sigma_q^{*2}} - \frac{\xi_2^2}{2\sigma_T^2}\right] d\xi_2 \tag{5.1.23}$$

从式（5.1.23）可看出，输入控制系统的信号概率具有正态分布形式。

由仿真结果可知，误差概率分布与波动干扰相关时间的变化关系不大，但为了保证允许的误差值，所需的飞行器法向加速度值极大（控制作用达

$\pm 0.2g$)。该结论由飞行器轨迹分析可得,特别是在控制过程结束时。

当然,在这种情况下,误差概率密度接近正常,但均方差增加(在反射信号相关时间为 $1/a = 0.025$ s 时达到 12 m)。

对于第三种情况,控制系统输入的三个信号之和为

$$q(t) = s(t) + \xi_1(t) + \xi_2(t) \tag{5.1.24}$$

式中,$s(t)$ 代表的是目标机动引起的正弦波动,其幅度为常值 A_T,频率为 $\Omega_\eta t$,初相均匀分布:

$$s(t) = A_T \sin(\Omega_T t + \phi) \tag{5.1.25}$$

初相 ϕ 有如下分布:

$$w(\phi) = \begin{cases} 1/2\pi, & -\pi \le \phi \le \pi; \\ 0, \phi < -\pi, \phi > \pi \end{cases} \tag{5.1.26}$$

$s(t)$ 概率的分布具有以下形式:

$$w(s) = \frac{1}{\pi \sqrt{A_T^2 - s^2}}, \quad |s| \le A_T \tag{5.1.27}$$

且

$$w(s) = 0, \quad |s| > A_T \tag{5.1.28}$$

在这种情况下,飞行器控制系统输入信号概率分布函数为

$$w(q) = \frac{1}{\pi\sigma \sqrt{2\pi}} \int_{-A_T}^{A_T} \frac{1}{\sqrt{A_T^2 - s^2}} \exp\left[-\frac{(q-s)^2}{2\sigma^2}\right] ds \tag{5.1.29}$$

式中,$\sigma = \sqrt{\sigma_q^{*2} + \sigma_T^2}$。

针对不同的目标机动幅值,飞行器和目标误差概率密度、飞行器的法向加速度变化曲线、目标与飞行器的轨迹曲线分别如图 5-3 ~ 图 5-5 所示。

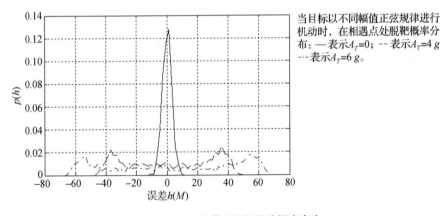

当目标以不同幅值正弦规律进行机动时,在相遇点处脱靶概率分布:— 表示 $A_T=0$;-- 表示 $A_T=4\,g$;--- 表示 $A_T=6\,g$。

图 5-3 飞行器和目标误差概率密度

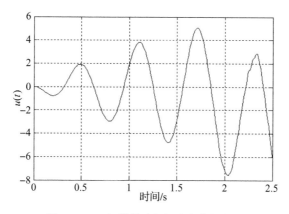

图 5 – 4　飞行器的法向加速度变化曲线

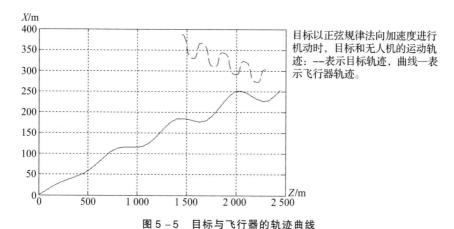

图 5 – 5　目标与飞行器的轨迹曲线

　　仿真结果分析表示，随着目标正弦机动幅值的增加，误差概率密度具有双峰分布形式。该种分布情况下，大误差值的概率增加。此外，在逼近目标时飞行器过载增加且按正弦规律变化。为确保逼近准确性并增加误差最小化的概率，研究逼近相遇前置点时的控制问题。该问题解决方式如下：在逼近过程开始时，假定飞行器受控，目标做直线运动（根据目标正弦运动平均值控制飞行器）。由于在某一时刻误差概率分布是双峰形式的（h 值接近零的概率很小），飞行器运动控制具有一定的误差。在该时间段，使用数字自适应滤波器评估正弦机动的参数。逼近目标时，估计目标真实运动与预计运动的偏差，基于该值及直线假设，考虑飞行器现有过载，计算逼近真实相遇点的过渡时刻（或相遇前的时间段 $\Delta t[c]$）。

　　基于如下算法实现控制：

（1）确定 t_{np} 预报时刻的误差 h_{np} 及其导数 $\dot{h}_{np}$ 信息。

（2）基于 h_{np} 和 $\dot{h}_{np}$ 预报 $t_{np} + \Delta t$ 时刻目标轨迹。

（3）根据目标预报的位置进行控制。

该任务完成的过程是迭代进行的，重复至飞行器和目标间距离小于允许值。因此，该情况下逼近时应该考虑由测量、亮点"闪动"和预测误差引起的误差，这些误差概率密度接近正态分布，故误差应具有接近正态分布的概率密度。

由仿真结果（当 $A_T = 4g$，$\Omega_T = 2 \text{ rad/s}$）表示，在预报目标运动轨迹及根据该预报轨迹上控制飞行器的情况下，误差 $p(h)$ 概率密度接近正态分布。因此，假设预报时间段 Δt 内做直线运动，飞行器法向加速度会更大，但在可接受范围内，且逼近过程最后飞行器运动轨迹非直线。

由以上得到的结果可知，当目标作正弦机动，预报目标运动并控制飞行器按预报轨迹运动，可以使误差概率密度呈正态分布。该方法可以明显降低飞行器逼近目标时的大误差概率。

当视线角速度受限时，飞行器对目标制导过程数学仿真结果表示，概率密度展宽且脱靶边界值概率增加。逼近目标时，考虑预报相遇点，在转向驱动速度受限条件下，大脱靶率增加。但在一定范围内的脱靶概率密度接近正态分布。

因此，本节研究了在随机干扰条件下，以集约机动为目的解决飞行器逼近目标的方法，对飞行器制导回路的非线性特性进行了分析。以上逼近目标飞行器控制方法可以防止随机干扰分布双峰性引起的制导过程中断。

5.2 移动航空母舰上的飞行器起降任务

目前在为了预期目的而运作的航空母舰中，最著名的是重型航空母舰"库兹涅佐夫海军上将号"（由俄罗斯海军运营，见图 5 – 6）、"戈尔什科夫海军上将号"（在俄罗斯联邦升级并由印度海军以"维克拉姆迪亚号"的名义经营）和"瓦良格号"（在中国完成并以"辽宁号"的名义作为中国海军的一部分服役）。

作为基于"库兹涅佐夫海军上将"号舰载飞机的一部分，俄罗斯海军选择了苏 – 33 飞机，它是对苏 – 27 飞机的改装。中国海军对"辽宁号"也作出了类似的选择。

这些飞行器与陆基飞行器的主要区别在于，它们可以在船舶运动的条件下起飞和降落。在船上着陆带（跑道）上，这对飞行器的机身设计和机载设备提出了额外要求。

在过去的几十年中，创建飞行器机载仪表系统的主要趋势之一是追求数字化与智能化的最大化。目前，现代飞行器上几乎没有系统和传感器，也没有数字计算设备。

车载系统的数字化、统一结构、信息接口等其他特性，集成到围绕强大的车载数字计算机系统的设备组合（CCD 和 BTsVS），通过在 CCD 的软件中实现相应的算法，可以解决飞行器机载设备的大部分功能任务。

为了在飞行的所有阶段控制飞行器，包括着陆阶段，需要得知有关其运动的导航和驾驶参数的信息，包括航向、侧倾、俯仰、速度、坐标、高度，角速度、加速度等，并使用导航系统进行这些参数的测量。

随后的飞行工作的准确性，在很大程度上取决于导航系统的准备质量。与在机场的展览相比，飞行器在飞行期间，INS 的性能因船舶和飞行器的运动而变得非常复杂，因为 INS 在船上受到船舶的运动和海洋的状态影响，其中海洋的波浪有对船舶也有明显的影响。

当在飞行器的飞行过程中，飞行器起飞后即开始根据来自 GPS 的 INS 信息进行工作。为了确保 INS 测量值的高精度，在整个飞行过程中将飞行器降落到 CCD 空气中时，指示仪表通过无线电导航系统对 INS 的非校正数据进行多模式化，来实现飞行和自主飞行系统的视觉定向。

航空母舰飞行器和陆基飞行器的主要区别在于，前者能够在运动的船舰上起飞和着陆，并且存在船舰上的起飞和降落跑道的限制，这对飞行器及其机载设备的机身提出了一定要求。

图 5-6　"库兹涅佐夫海军上将号"航空母舰

任何飞行器的飞行都可分为以下几个主要阶段：起飞准备、起飞、途中按航线飞行和着陆。

1. 起飞准备

在飞行器准备起飞前，需要为飞行器配备燃料、氧气等，并检查所有机载设备和系统的可用性和飞行准备情况。

在这个阶段的主要任务之一是飞行器的 INS 的准备。在准备过程中，进行在地平线和方位角上测量 INS 轴的预览。从 INS 的初始装备质量来看，它在很多方面取决于其在后续飞行中的表现准确性。

2. 起飞

带有有效载荷的满燃料飞行器应该在非常短的距离（大约 200 m）获得加速起飞所需的能量。这是通过设计船舶甲板和严格规定起飞程序来实现的。

首先，飞行器仅从以最大速度运动的船舰上起飞，其航向与风向相反。

其次，飞行器仅从配备有屏障类型机械制动装置的特殊起始位置起飞，该机械制动装置直到发动机在飞行器运动开始时达到最大可能的推力时被激活。

最后，船舰甲板的前端采用起飞轨道形式，为飞行器提供必要的角度方向，同时，提供从船舰跑道区域分离时所需的提升力。

3. 途中按航线飞行

从任务目标的角度考虑 INS 的已知特性和系统的误差积累，这个阶段的主要目标是确保在着陆阶段开始前，所测得的 INS 导航和飞行参数准确度达到所需的水平。

4. 着陆

飞行器的着陆包括以下步骤：着陆前的机动（也称为返回）、着陆进场、着陆。

与在陆地机场上的降落相比，飞行器着陆在船舰上的所有阶段都因其在跑道上的方向与船的运动方向不匹配而变得复杂。

在起飞期间，和飞行器准备着陆时，为了降低飞行器在甲板上着陆时的相对速度，船舰应尽可能快地行驶，其航向与风向相反。

飞行前的机动在任意时刻从机组人员命令开始，或在航路结束后自动开始。该阶段的任务是使飞行器进入空气路径的给定区域，使飞行器位于船舰轴线的延伸部分处，设定高度和相对于船舰末端的距离，使航向近似等于着陆跑道的方向，即必须将飞行器带入具有给定位置参数空域的给定区域，从而保证机载和船载系统稳定运行的条件。

从这一刻起，过渡到接近着陆阶段。该方法的最终目标是将飞行器带入给定空间位置参数的小空域空间，在该空域上机组人员决定降落在船上或离开进行"第二圈"飞行。

与起飞时一样，飞行器在航舰甲板上水平着陆的特征主要取决于船舰着陆跑道的尺寸和几何形状，但在着陆之前不能如降落在陆地机场时一样将飞行器调整水平。

因此在着陆时，飞行器在纵向平面上的动能随着着陆轨道上的气动加强器而减弱，并在带有加强减振器的起落架的垂直平面上降低。

总的来说，根据在役海军飞行员的反馈和评价，就复杂性和危险性而言，飞行器降落在移动中的船舰上的过程与对接太空船的过程具有可比性。

5.2.1　智能系统与导航系统的合成

现代舰载飞行器包括尽可能多的测量系统和传感器，以及算法支持，包括信息的处理、转换和评估，以及选择多种智能水平的最可靠信息的标准，它们有助于确定最优测量组成的舰载系统。

为了获得关于舰载飞行器系统状态的完整信息，不仅需要分析测量的参数，还需要分析观察到的而不是直接测量的参数。为此，在现代舰载飞行器系统中进行来自所有测量信号的复杂分析，以获得关于系统状态的最可靠信息。

1. 导航复合体结构的合成

将选择性方法应用于确定舰载飞行器系统最佳结构的问题，能够确保在其操作的每个阶段最有效地使用系统。基于使用预测算法构建功能系统的概念，执行测量系统中信息信号的选择。

2. 具有智能组件的测量系统

智能测量系统有一个特定的节点机制——动作启动器，它是一个智能组件。动作启动器包括用于构建智能测量系统研究参数的预测模型、预测算法以及当前测量与预测比较的算法。在智能测量系统中，INS 被用作基本测量系统，GLONASS、雷达和其他测量系统被用作 INS 相关的附加外部传感器，以提高输出信息的准确性。智能测量系统的结构如图 5 – 7 所示。

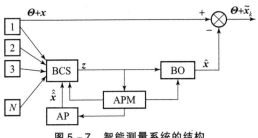

图 5 - 7　智能测量系统的结构

图中，1 表示基本导航系统，通常是人工神经网络；2，…，N 表示外部信息传感器和测量系统；z，BO 表示评估模块；$\boldsymbol{\Theta}$ 为真实的导航信息；$\boldsymbol{x}$ 表示 INS 的误差；$\hat{\boldsymbol{x}}$ 表示 INS 误差估计；$\tilde{\boldsymbol{x}}_k$ 表示评估错误；$\hat{\boldsymbol{x}}$ 为 INS 误差预测；BCS 表示集成和比较单元；APM 表示模型构建算法；AP 表示预测算法。

在 BCS 单元中确定可观测性程度，对用于估计和构建预测模型的算法进行测量，并且将当前后验信息与预测结果进行比较。

BCS 单元的操作算法如图 5 - 8 所示。

在测量的基础上获得的数学模型进一步用于算法支持（在评估算法和选择标准中，用以确定所研究的系统状态）。此外，在该模型的帮助下，系统状态的预测在某个时间间隔进行，这是根据实际考虑确定的。

如图 5 - 7 所示，根据信息处理得到的结果确定智能测量系统的最佳组件。在操作过程中进行测量，使用每个外部传感器结合 INS 计算选择标准的值建立模型，比较预测并将预测与动作结果进行比较，估计包括 INS 误差的状态矢量，校正 INS 误差，确定智能测量系统的最优结构将用于预测区间。BO 单元由估计算法实现，例如改进的卡尔曼滤波器[16,21]。

为了获得 BCS 单元中最可靠的信息，这里使用可观测性程度的标准。在形成可观测性程度的标准时，引入 INS 误差的非静态方程[16]。制定的非平稳系统可观测性程度的标准形式为

$$\lambda_k^i = \frac{M[(\boldsymbol{x}_k^i)^2]}{M[(\boldsymbol{y}_k^i)^2]\sum_{j=1}^{l}\zeta_{ij}^2}. \tag{4.2.1}$$

式中，$M[(\boldsymbol{x}_k^i)^2]$ 为第 i 个状态矢量任意分量的方差；$M[(\boldsymbol{y}_k^i)^2]$ 为形成的测量状态矢量 $\boldsymbol{y}$ 的方差；ζ_{ij} 代表 $\boldsymbol{S}_k^{-1}$ 矩阵的第 i 行，$\boldsymbol{S}$ 为可观测矩阵的类比矩阵；$\boldsymbol{y}^i$ 代表 $\boldsymbol{y}$ 矢量的第 i 个元素。

以上测量噪声的形式为

$$\boldsymbol{v}_k^{*i} = \zeta_1^i \boldsymbol{v}_1 + \zeta_2^i \boldsymbol{v}_2 + \cdots + \zeta_l^i \boldsymbol{v}_l$$

引入测量噪声的方差为

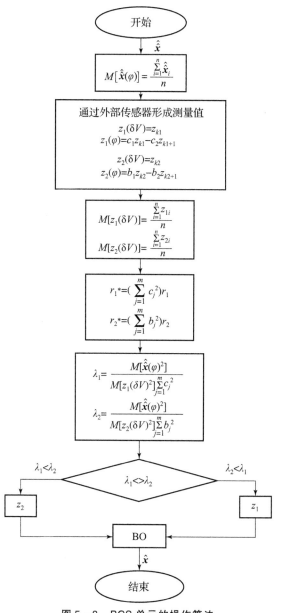

图 5 – 8　BCS 单元的操作算法

$$r_k^{*i} = M[(v_k^{*i})^2] = [\zeta_1^{i2} + \zeta_2^{i2} + \cdots + \zeta_l^{i2}]r_k$$

式中，$r_k = M[v_k^2]$ 为原始测量噪声 v_k 的方差。

当改变智能测量系统中飞行器的操作模式时，分析可变状态的可观测性程度并自动选择系统的最佳结构。为了建立预测模型，可以使用自组织算法，特别是 MGAA，如图 5 – 9 所示。

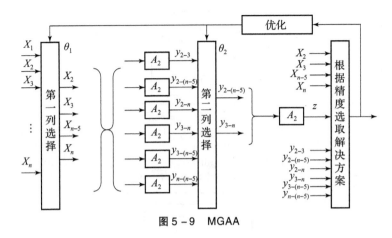

图 5 – 9   MGAA

使用 MGAA 构建的模型的形式为:

$$y_1(\delta V) = b_{01} + b_{11}x_1 + b_{21}x_3 + b_{31}x_1^2 + b_{41}x_3^2 + b_{51}x_1x_3$$

$$y_2(\varphi) = b_{02} + b_{12}x_1 + b_{22}x_4 + b_{32}x_1^2 + b_{42}x_4^2 + b_{52}x_1x_4$$

$$y_3(\varepsilon) = b_{03} + b_{13}x_3 + b_{23}x_4 + b_{33}x_3^2 + b_{43}x_4^2 + b_{54}x_3x_4$$

系数通过高斯方法计算得到:

$$b_{01} = 5.86; \quad b_{11} = -3.27; \quad b_{21} = 4.21; \quad b_{31} = 0.0013;$$

$$b_{41} = -0.0804; \quad b_{51} = 0.08$$

以上模型可以用于 INS 误差的短期预测。

对于 IIC 的功能,需要一个线性模型,这可以在评估算法中应用。因此,采用保留线性趋势的自组织算法。在模型的帮助下,使用各种外部仪表进行 INS 误差的预测,并在 BCS 分析结果的基础上确定智能测量系统的结构。自组织算法的功能流程如图 5 – 10 所示。

在串行干扰抵消(Successive Interference Cancellation,SIC)中,当改变飞行器的操作模式时,周期性地分析状态变量的可观测性程度并且自动选择最复杂的结构。由所选传感器测量的信号用于估计算法以形成基本 INS 误差估计,然后使用误差估计校正导航信息。

因此,本节提出一种基于构建智能系统原理的选择性集成方法来合成导航系统。

5.2.2   带有退化调节器的测量系统

当飞行器较长时间运行时,为了防止 INS 误差的增加,可以使用线性减小的调节器对 INS 的结构进行校正。带修正 INS 的测量系统结构如图 5 – 11 所示。

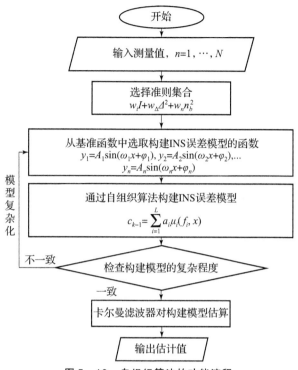

图 5－10　自组织算法的功能流程

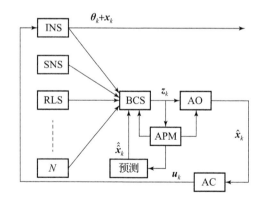

图 5－11　带修正 INS 的测量系统结构

图中，BCS 为一种集成和比较的算法；AO 为估计算法；AC 为控制算法；$\boldsymbol{u}_k$ 代表控制矢量。

BCS 单元包含一组选择标准的集合，特别是可观测性程度和可控性程度的标准。使用这些标准选择测量系统，以构建具有最大可观测性程度和可控性程度的模型。在 AC 单元中实现控制算法，并且其输出是控制矢量 $\boldsymbol{u}_k$。

可以看出，INS 的结构仅具有控制动作的两个应用点，即第一积分器的输入和扭矩传感器的输入。

5.2.3　用于 INS 校正的非线性控制算法

INS 误差的非线性模型具有以下形式：

$$\frac{\mathrm{d}}{\mathrm{d}t}x(t) = f(t,x) + g_1(t,x)w(t) + g_2(t,x)u(t), x(t_0) = x_0 \tag{5.2.2}$$

$$y(t) = h(t,x)$$

式中，$f(t,x)$，$g_1(t,x)$，$g_2(t,x)$，$h(t,x)$ 是有效和连续的函数。

用等价的形式表示式（5.2.2）：模型具有线性微分方程的结构，其参数取决于状态（状态依赖系数，SDC）[21]。

在离散形式中，非线性系统的 SDC 可以表示为

$$\boldsymbol{x}_k = \boldsymbol{F}\boldsymbol{x}_k + \boldsymbol{w}_k \tag{5.2.3}$$

将状态矢量表示为矢量之和 $\boldsymbol{z}_k$ 和 $\boldsymbol{y}_k$，并在矢量中仅突出显示打算控制的组件，以及矢量的所有剩余组件，那么对象的方程采用以下形式：

$$\boldsymbol{x}_k = \boldsymbol{F}\boldsymbol{z}_{k-1} + \boldsymbol{G}\boldsymbol{y}_{k-1} + \boldsymbol{w}_{k-1} + \boldsymbol{u}_{k-1} \tag{5.2.4}$$

定义

$$\boldsymbol{w}_{k-1} + \boldsymbol{G}\boldsymbol{y}_{k-1} = \boldsymbol{\zeta}_{k-1} \tag{5.2.5}$$

还要对 $\boldsymbol{z}_{k-1}$ 和 $\boldsymbol{\zeta}_{k-1}$ 进行评估，控制通过以下形式进行：

$$\boldsymbol{u}_{k-1} = -(\boldsymbol{K}_{k-1}\hat{\boldsymbol{z}}_{k-1} + \hat{\boldsymbol{\zeta}}_{k-1}) \tag{5.2.6}$$

在控制器中使用状态矢量，对其使用估计算法进行初步评估。在估计算法的输出处，得到一个信号的形式为

$$\hat{\boldsymbol{x}}_k = \boldsymbol{x}_k - \tilde{\boldsymbol{x}}_k \tag{5.2.7}$$

式中，$\tilde{\boldsymbol{x}}_k$ 是状态矢量估计的误差。

将式（5.2.6）代入式（5.2.4）并考虑式（5.2.7），得到：

$$\boldsymbol{x}_k = (\boldsymbol{F} - \boldsymbol{K}_{k-1})\boldsymbol{z}_{k-1} + \boldsymbol{K}_{k-1}\tilde{\boldsymbol{z}}_{k-1} + \tilde{\boldsymbol{\zeta}}_{k-1} \tag{5.2.8}$$

状态矢量的协方差矩阵的形式为

$$M[\boldsymbol{x}_k\boldsymbol{x}_k^{\mathrm{T}}] = M\{[(\boldsymbol{F} - \boldsymbol{K}_{k-1})\boldsymbol{x}_{k-1} + \boldsymbol{K}_{k-1}\tilde{\boldsymbol{x}}_{k-1} + \tilde{\boldsymbol{\zeta}}_{k-1}] \times$$

$$[(\boldsymbol{F} - \boldsymbol{K}_{k-1})\boldsymbol{x}_{k-1} + \boldsymbol{K}_{k-1}\tilde{\boldsymbol{x}}_{k-1} + \tilde{\boldsymbol{\zeta}}_{k-1}]^{\mathrm{T}}\} \tag{5.2.9}$$

考虑正交性原则，式（5.2.9）采用以下形式：

$$M[\boldsymbol{x}_k^{\mathrm{T}}\boldsymbol{x}_k] = (\boldsymbol{F} - \boldsymbol{K}_{k-1})M[\boldsymbol{x}_{k-1}\boldsymbol{x}_{k-1}^{\mathrm{T}}](\boldsymbol{F} - \boldsymbol{K}_{k-1})^{\mathrm{T}} + (\boldsymbol{F} - \boldsymbol{K}_{k-1})$$

$$M[\tilde{\boldsymbol{x}}_{k-1}\tilde{\boldsymbol{x}}_{k-1}^{\mathrm{T}}]\boldsymbol{K}_{k-1}^{\mathrm{T}} + \boldsymbol{K}_{k-1}M[\tilde{\boldsymbol{x}}_{k-1}\tilde{\boldsymbol{x}}_{k-1}^{\mathrm{T}}]$$

$$(\boldsymbol{F} - \boldsymbol{K}_{k-1})^{\mathrm{T}} + \boldsymbol{K}_{k-1} M[\,\tilde{\boldsymbol{x}}_{k-1}\,\tilde{\boldsymbol{x}}_{k-1}^{\mathrm{T}}\,]\boldsymbol{K}_{k-1}^{\mathrm{T}} + (\boldsymbol{F} - \boldsymbol{K}_{k-1})$$

$$M[\,\tilde{\boldsymbol{x}}_{k-1}\,\tilde{\boldsymbol{\zeta}}_{k-1}^{\mathrm{T}}\,] + M[\,\tilde{\boldsymbol{\zeta}}_{k-1}\,\tilde{\boldsymbol{x}}_{k-1}^{\mathrm{T}}\,](\boldsymbol{F} - \boldsymbol{K}_{k-1}^{\mathrm{T}}) +$$

$$\boldsymbol{K}_{k-1} M[\,\tilde{\boldsymbol{x}}_{k-1}\,\tilde{\boldsymbol{\zeta}}_{k-1}^{\mathrm{T}}\,] + M[\,\tilde{\boldsymbol{\zeta}}_{k-1}\,\tilde{\boldsymbol{x}}_{k-1}^{\mathrm{T}}\,]\boldsymbol{K}_{k-1}^{\mathrm{T}} +$$

$$\boldsymbol{K}_{k-1} M[\,\tilde{\boldsymbol{x}}_{k-1}\,\tilde{\boldsymbol{x}}_{k-1}^{\mathrm{T}}\,]\boldsymbol{K}_{k-1}^{\mathrm{T}} + [\,\tilde{\boldsymbol{\zeta}}_{k-1}\,\tilde{\boldsymbol{\zeta}}_{k-1}^{\mathrm{T}}\,]$$

确定状态矢量的方差之和为

$$J = \mathrm{sp}M[\,\boldsymbol{x}_k\boldsymbol{x}_k^{\mathrm{T}}\,] = M[\,\boldsymbol{x}_k^{\mathrm{T}}\boldsymbol{x}_k\,]$$

从梯度为零的条件中找到控制器矩阵的最优值：$\dfrac{\partial \boldsymbol{J}}{\partial \boldsymbol{K}_{k-1}} = 0$。

使用矩阵的微分原理，可以得到最优条件，其相对应的是函数的最小值 $\boldsymbol{K}_{k-1} = \boldsymbol{F}$。可以看出，为了提高飞行器导航定义的准确性，导航系统可以选择使用基于 INS 误差非线性模型 SDC 表示的非线性控制算法。

5.3　动态系统模型合成

系统合成方法不仅可以用于导航系统的设计，动态系统的合成使人们可以确定飞行器的最优架构，并在飞行器飞行期间形成导航系统的算法支持。

自组织算法能够帮助自动选择正在使用的模型中最重要的状态变量。

实现动态系统合成方法的复杂算法功能如图 5 – 12 所示。

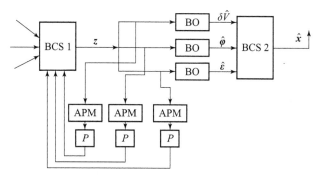

图 5 – 12　实现动态系统合成方法的复杂算法功能

在 BCS1 模块中，确定可观测性程度和测量的形成，这些测量值可用于估计算法以及 APM 模块中，以构建预测模型。

在 BCS 模块中分配的测量信号被馈送到控制面板，其中使用估计算法，抑制测量噪声并且恢复 INS 误差的整个矢量。当飞行器的导航系统运行模式改变时，在 BCS 模块中分析状态变量的可观测性程度和可控性程度，并自动选择导航系统的最佳结构。

在 APM 模块中获得的数学模型用于估计算法以确定所研究系统的状态，以及 BCS 模块选择标准的集合。

5.3.1 构造 INS 误差模型的算法开发

在与外部设备和系统相关的 INS 校正过程中，选择 INS 的误差模型，该模型用于在导航的算法支持中执行诸如在航空母舰上着陆等复杂的机动。

选择状态矢量的最有效分量，并为它们计算最优复杂度的模型。BCS1 模块的算法流程如图 5 – 13 所示。

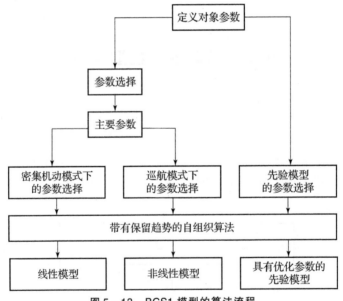

图 5 – 13　BCS1 模型的算法流程

首先考虑地面测量系统，当从外部的仪器和系统执行 INS 的校正时，实现误差模型的选择，INS 对应在导航系统的算法软件中使用的系统，但实际上，在导航系统算法软件中不可能使用先验的数学模型。

当动态对象在随机条件下运行时，关于它的先验信息的量通常是最小的。因此，此时更适合应用自组织算法进行外推。

自组织算法使人们可以建立数学模型而无须事先指示所研究对象的规律。数学模型的开发者需要指定用于选择模型的选择标准（自组织标准）的集合，并且自动选择最优复杂度的数学模型。

BCS2 模块的算法流程如图 5 – 14 所示。

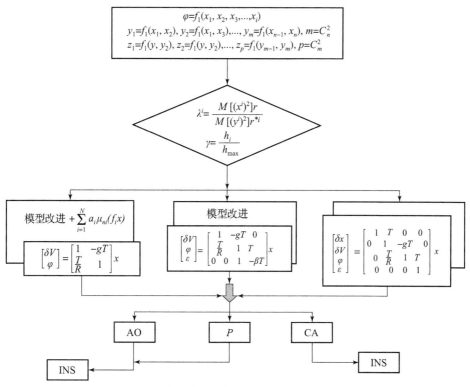

$$\varphi=f_1(x_1, x_2, x_3,...,x_i)$$
$$y_1=f_1(x_1, x_2), y_2=f_1(x_1, x_3),..., y_m=f_1(x_{n-1}, x_n), m=C_n^2$$
$$z_1=f_1(y, y_2), z_2=f_1(y, y_2),..., z_p=f_1(y_{m-1}, y_m), p=C_m^2$$

$$\lambda^i=\frac{M\,[(x^i)^2]r}{M\,[(y^i)^2]r^{*i}}$$

$$\gamma=\frac{h_i}{h_{\max}}$$

$$模型改进+\sum_{i=1}^{N}a_i\mu_{ni}(f_ix)$$

$$\begin{bmatrix}\delta V\\\varphi\end{bmatrix}=\begin{bmatrix}1 & -gT\\\dfrac{T}{R} & 1\end{bmatrix}x$$

$$模型改进$$

$$\begin{bmatrix}\delta V\\\varphi\\\varepsilon\end{bmatrix}=\begin{bmatrix}1 & -gT & 0\\\dfrac{T}{R} & 1 & T\\0 & 0 & 1 & -\beta T\end{bmatrix}x$$

$$\begin{bmatrix}\delta x\\\delta V\\\varphi\\\varepsilon\end{bmatrix}=\begin{bmatrix}1 & T & 0 & 0\\0 & 1 & -gT & 0\\0 & \dfrac{T}{R} & 1 & T\\0 & 0 & 0 & 1\end{bmatrix}x$$

AO　　　P　　　CA

INS　　　　　　INS

图 5 – 14　BCS 2 模块的算法流程

图中，AO 代表估计算法，P 代表预测算法，CA 代表控制算法。

在飞行器上假设能够实现自组织算法的运行。通常，这种算法在车载计算机上受到对速度、紧凑性和易于实现程度的相当严格的要求，特别是在预测高机动飞行器的测量系统状态时，这些要求尤为重要。

在动态系统合成概念的框架内构建用于算法测量系统支持的 INS 误差模型。根据这个概念，在飞行器飞行期间建立模型，并且借助一组选择标准，不断地确定模型状态矢量的最佳组合。选择状态矢量的最有效分量，并为它们计算最优复杂度模型。为了简化从一个模型到另一个模型的过渡过程，测量系统算法支持以标量形式完成。

5.3.2　INS 误差模型

传统的 INS 误差模型，即用于导航系统的算法软件（估算算法、控制算法等）具有以下形式：

$$\boldsymbol{x}_k = \boldsymbol{\Phi}\boldsymbol{x}_{k-1} + \boldsymbol{W}_{k-1}$$

$$\boldsymbol{x}_k = \begin{bmatrix} \delta V_k \\ \varphi_k \\ \varepsilon_k \end{bmatrix}, \quad \boldsymbol{W}_{k-1} = \begin{bmatrix} 0 \\ 0 \\ W_k \end{bmatrix}, \quad \boldsymbol{\Phi} = \begin{bmatrix} 1 & -gT & 0 \\ \dfrac{T}{R} & 1 & T \\ 0 & 0 & 1-\beta T \end{bmatrix} \qquad (5.3.1)$$

式中，T 为采样周期；W 为白高斯噪声的离散模拟；β 为陀螺仪漂移随机变化的平均频率；R 为地球的半径；g 为重力加速度。

该模型精度低，因此建议在飞行中构建真实模型。

在使用智能组件的测量系统的操作过程中，在积分单元中确定最佳测量矢量。此外，在用于构建模型的模块中，使用选择标准的集合，选择关键状态变量，并从该关键状态变量形成正在构建模型的信道。选择标准的集合包括通用标准、特殊标准和准确性标准。

借助 MGAA 的功能，可以构建 INS 误差水平通道的完整模型、具有较小通道尺寸的简化模型，或者通常将通道简化为一个直接测量的状态矢量。通过 MGAA 输出的标量实现，可以获得通道中包含的每个状态矢量的模型。为了形成此模型，仅使用通道中的状态矢量。

因此，生成的简化模型具有以下形式：

$$\boldsymbol{x}_k = \boldsymbol{\Phi}\boldsymbol{x}_{k-1}$$

$$\boldsymbol{x}_k = \begin{bmatrix} \delta V_k \\ \varphi_k \end{bmatrix}, \quad \boldsymbol{\Phi} = \begin{bmatrix} 1 & -gT \\ \dfrac{T}{R} & 1 \end{bmatrix} \qquad (5.3.2)$$

状态矢量的第三个分量是 GSP 的漂移速度，它不包括在信道中。在信道形成期间缺少关于 GSP 的漂移速度的信息，但是这并不会降低信道状态矢量的计算精度，因为确定 GSP 的漂移速度的准确度不够高，故从信道中排除。在计算信道时使用此状态矢量会导致精度降低。

5.4 联合卡尔曼滤波器的改进方法

3.2 节展示了联合卡尔曼滤波器的功能结构，本节介绍基于评估过程中状态变量可观测性程度的数字标准，以提高联合卡尔曼滤波器的精度，包括反馈式联合卡尔曼滤波器和无反馈式联合卡尔曼滤波器。可观测性程度的标准用于确定联合卡尔曼滤波器中信息融合阶段的校正系数，通过对飞行器的 INS 进行误差评估，可以显示联合卡尔曼滤波器的改进效果。

基于航空母舰的飞行器导航系统的算法，包括支持飞行器在航空母舰上完成起飞和降落等复杂操作的精确算法。这里在联合卡尔曼滤波器中使用已知的可观测性程度的标准[19,20]。

该观测性程度的标准曾经应用于选择飞行器导航系统的最佳结构，或者INS 的自适应控制器的合成任务[21]。在本节中，该标准用于确定联合卡尔曼滤波器中信息融合阶段的校正系数。

5.4.1 非平稳模型状态变量的可观测性程度的标准

在最常用的导航系统中，误差补偿方法涉及多种不同的评估算法。由于考虑到计算机内存有限、算法在移动的物体上实现等特点，只选用其中较简洁的、抗干扰的算法。自适应评估算法具有足够高的精度，同时在机载计算机中易于实现，所以可以看作联合卡尔曼滤波器的一项直接改进方法。

首先描述动态对象的离散线性方程，例如，INS 误差为

$$\boldsymbol{x}_k = \boldsymbol{\Phi}_{k,k-1}\boldsymbol{x}_{k-1} + \boldsymbol{\Gamma}_{k-1}\boldsymbol{w}_{k-1} \qquad (5.4.1)$$

式中，$\boldsymbol{x}_k$ 为状态矢量；$\boldsymbol{w}_{k-1}$ 为输入扰动矢量；$\boldsymbol{\Phi}_{k,k-1}$ 为对象矩阵；$\boldsymbol{\Gamma}_{k-1}$ 为输入矩阵。

假设这里的输入扰动 $\boldsymbol{w}_{k-1}$ 是具有零期望的高斯白噪声和已知协方差矩阵 $\boldsymbol{Q}_{k-1}$ 的离散模拟。

部分状态矢量可以通过下式计算：

$$\boldsymbol{z}_k = \boldsymbol{H}_k\boldsymbol{x}_k + \boldsymbol{v}_k \qquad (5.4.2)$$

式中，$\boldsymbol{z}_k$ 为测量矢量；$\boldsymbol{v}_k$ 为测量误差矢量；$\boldsymbol{H}_k$ 是测量矩阵。

假设测量误差 $\boldsymbol{v}_k$ 是具有零期望的高斯白噪声和已知协方差矩阵 $\boldsymbol{R}_k$ 的离散模拟。测量误差（测量噪声）和输入干扰（输入噪声）无关，对任意 j 和 k，都有 $E[\boldsymbol{v}_j\boldsymbol{w}_k^{\mathrm{T}}] = \boldsymbol{0}$。

假设状态矢量的初始值与输入扰动和测量误差无关，即对任意 k 都有 $E[\boldsymbol{x}_j\boldsymbol{w}_k^{\mathrm{T}}] = \boldsymbol{0}$，$E[\boldsymbol{x}_j\boldsymbol{v}_k^{\mathrm{T}}] = 0$。协方差矩阵 $E[\boldsymbol{x}_0\boldsymbol{x}_0^{\mathrm{T}}] = \boldsymbol{P}_0$ 是非负定矩阵。

如果研究对象在测量中被完全观测到，就可以对它的状态进行评估。可观测性测试可基于不同标准进行，例如卡尔曼标准。在卡尔曼标准中对可观测性矩阵 $\boldsymbol{O}_{LK}$ 进行分析。

假设在式（5.4.2）中仅测量状态矢量 $\boldsymbol{H}_k = [1\ 0\ ...\ 0]$ 的一个分量，那么给定的测量具有如下形式：

$$\boldsymbol{y}_k^i = \boldsymbol{\alpha}_{1,k}^i\boldsymbol{z}_k + \boldsymbol{\alpha}_{2,k}^i\boldsymbol{z}_{k+1} + ... + \boldsymbol{\alpha}_{n,k}^i\boldsymbol{z}_{k+n-1} \qquad (5.4.3)$$

式中，$\boldsymbol{y}_k^i$ 是向量 $\boldsymbol{y}_k$ 的第 i 个元素；$\boldsymbol{\alpha}_{j,k}^i (j = 1,\cdots,n)$ 是矩阵 $\boldsymbol{O}_{LK}^i$ 的第 i 行。

$O_{Lk}^i = [O_{Lk}^T O_{Lk}]^{-1} O_{Lk}^T$ 是矩阵 O_{Lk} 的伪逆矩阵。

测量噪声 ζ_k^{*i} 的第 i 个分量的方差由系数 $\alpha_{j,k}^i(j=1,\cdots,n)$ 决定，即

$$R_{Lk}^{*i} = [(\alpha_{1,k}^i)^2 + (\alpha_{2,k}^i)^2 + \cdots + (\alpha_{n,k}^i)^2]R_k^0 \qquad (5.4.4)$$

式中，R_k^0 是初始测量噪声 v_k 的方差。

结合式（5.4.4），非平稳系统的可观测度标准如下：

$$DO_{Lk}^i = \frac{E[(x_k^i)^2]}{E[(y_k^i)^2] \sum\limits_{j=1}^{n} (\alpha_{j,k}^i)^2} \qquad (5.4.5)$$

式中，$E[(x_k^i)^2]$ 是状态矢量任意 i 分量的方差；$E[(y_k^i)^2]$ 是直接测量的状态矢量的方差。

5.4.2　联合卡尔曼滤波器的变换

改进后的联合卡尔曼滤波器具有动态校正系数，该系数由可观测性程度的标准确定。

本节解决的一项重要任务是定义校正系数，可以通过以下原则确定校正系数和信息分配系数，即保持信息和熵的总和、协方差矩阵的上限和协方差的交集。

5.4.3　无反馈式联合卡尔曼滤波器的改进

根据可观测性程度的标准，显示评估的准确性和每个局部滤波器的收敛速度。使用以下方法确定校正系数：

$$\lambda_i = \frac{\sum\limits_{j=1}^{n} DO^j}{n}, \qquad (5.4.6)$$

$$\gamma_i = \frac{\lambda_i}{\lambda_1 + \lambda_2 + \cdots + \lambda_N}, \left(0 < \gamma_i < 1, \sum\limits_{i=1}^{N} \gamma_i = 1\right) \qquad (5.4.7)$$

式中，γ_i 是局部滤波器的校正系数；DO^j 是状态矢量的第 j 个分量的可观测性程度；λ_i 是第 i 个局部滤波器的状态矢量所有分量的平均可观测性程度。γ_i 越大，滤波器的评估结果越可信。模型试验表明，在校正系数的作用下，全局滤波器的精度和收敛速度均高于普通的联合卡尔曼滤波器。

$$\overline{P}_{g,k}^{-1} = \gamma_1 P_{1,k}^{-1} + \gamma_2 P_{2,k}^{-1} + \cdots + \gamma_N P_{N,k}^{-1};$$

$$\overline{P}_{g,k}^{-1}\hat{x}_{g,k} = \gamma_1 P_{1,k}^{-1}\hat{x}_{1,k} + \gamma_2 P_{2,k}^{-1}\hat{x}_{2,k} + \cdots + \gamma_N P_{N,k}^{-1}\hat{x}_{N,k} \qquad (5.4.8)$$

式中，$\overline{P}_{g,k}^{-1}$ 是标准化系数矩阵；$\overline{P}_{g,k}$ 是评估误差的等效抗干扰方差矩阵，$\overline{P}_{g,k} \geqslant P_{g,real}$。

5.4.4　反馈式联合卡尔曼滤波器的改进

与无反馈式联合卡尔曼滤波器不同的是：在使用反馈式联合卡尔曼滤波器时，在每一个步骤中，局部滤波器都使用上一步骤中 $\hat{X}_g$ 和 $\overline{P}_g$ 的结果。所有局部滤波器之间都有信息交换，这些信息将在信息集成阶段再次融合。由于引入的校正系数 γ_i、信息分配系数 $\sum\limits_{i=1}^{N}\beta_i$ 的总和可能不等于 1，则无论使用什么标准来评估局部滤波器的质量，以及满足联合卡尔曼滤波器的信息分配标准，设置系数都应当满足以下两个条件：

$$\beta_i = \frac{1}{N} \tag{5.4.9}$$

$$\sum\limits_{i=1}^{N}\gamma_i = N \tag{5.4.10}$$

因此，反馈式联合卡尔曼滤波器的修正系数具有以下形式：

$$\gamma_i = \frac{\lambda_i}{\lambda_1 + \lambda_2 + \cdots + \lambda_N}N \tag{5.4.11}$$

如果 $\beta_i = \frac{1}{N}$，即 P_1，P_2，…，P_N 在局部滤波器中乘以 N，那么可以得到 $P_i \geq NP_{g,real}$。

因此式（5.4.11）也满足抗干扰条件 $\overline{P}_{g,k} \geq P_{g,real}$。

由于局部滤波器之间有信息交换，反馈式滤波器的精度和收敛速度高于无反馈式滤波器。校正系数的影响在前 30 ~ 40 min 内比较明显，尤其在收敛速度方面。当系统完成收敛后，校正系数的影响会减小，但准确度不会低于普通的联合卡尔曼滤波器。

5.4.5　联合卡尔曼滤波器改进结果

表 5 – 1 所示为改进后的联合卡尔曼滤波器评估精度。

表 5 – 1　改进后的联合卡尔曼滤波器评估精度

算法	传统的无反馈式联合卡尔曼滤波器	改进后的无反馈式联合卡尔曼滤波器	传统的反馈式联合卡尔曼滤波器	改进后的反馈式联合卡尔曼滤波器
$RMS\delta V$	13 441	12 258	11 614	11 401
$RMS\Phi$	2 737e – 5	1 819e – 5	1 727e – 5	1 536e – 5
$RMS\varepsilon$	1 461e – 6	1 269e – 6	1 202e – 6	1 164e – 6

相应的，改进后的无反馈式联合卡尔曼滤波器的评估结果如图 5 – 15 ~ 图 5 – 18 所示。

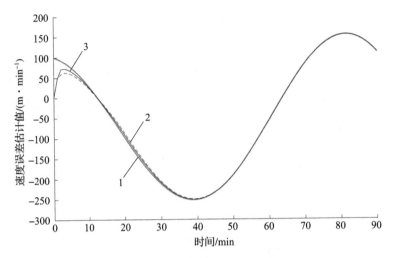

图 5 – 15　速度误差估计值结果

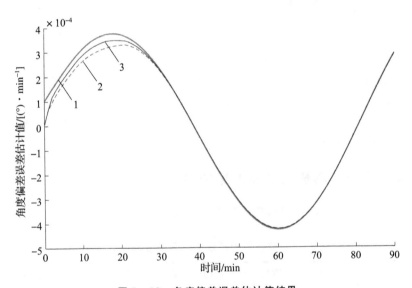

图 5 – 16　角度偏差误差估计值结果

图中，1 代表初始值；2 代表传统的无反馈式联合卡尔曼滤波器的评估结果；3 代表改进后的无反馈式联合卡尔曼滤波器的评估结果。

改进后的反馈式联合卡尔曼滤波器的评估结果如图 5 – 19 ~ 图 5 – 22 所示。

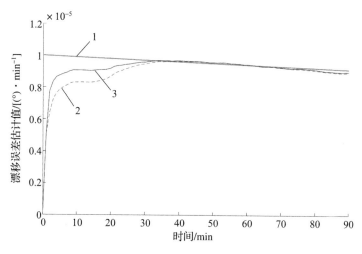

图 5 - 17　漂移误差估计值结果

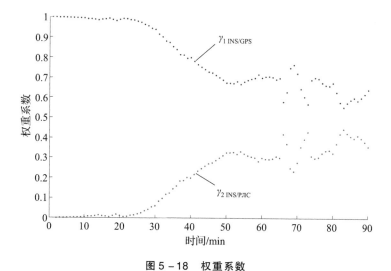

图 5 - 18　权重系数

　　图中，1 代表初始值；2 代表传统的反馈式联合卡尔曼滤波器的评估结果；3 代表改进后的反馈式联合卡尔曼滤波器的评估结果。

　　由此可以看出，基于评估过程中状态矢量的可观测度数字指标对联合卡尔曼滤波器进行了改进。INS 误差模型试验和开发的算法结果，验证了改进后的联合卡尔曼滤波器在效率和精度方面均有提高。

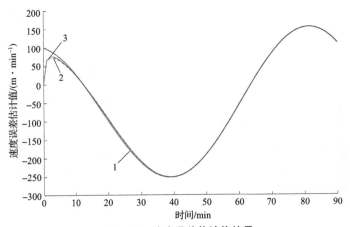

图 5-19　速度误差估计值结果

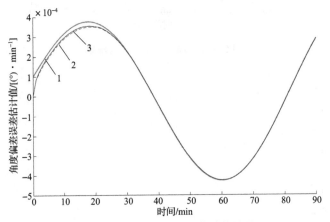

图 5-20　角度偏差误差估计值结果

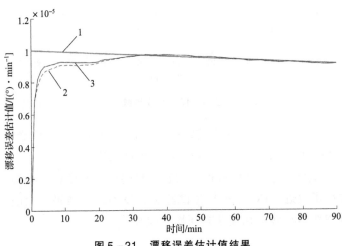

图 5-21　漂移误差估计值结果

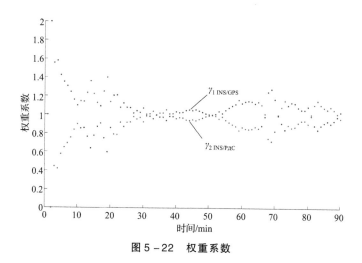

图 5 - 22　权重系数

在初始阶段，改进后的联合卡尔曼滤波器的精度高于传统的联合卡尔曼滤波器，而在下一个时间间隔评估过程基本相同。因此，此改进后的联合卡尔曼滤波器适用于 INS，尤其是需要进行高强度机动的飞行器 INS。

5.5　飞行器模拟座舱的全模拟系统

通过使用动态试验台的半实物建模，能够在实验室条件下模拟研究对象的实际操作模式，并帮助解决以下问题：

（1）研究物体的运动、控制系统及其组成；

（2）确定最优参数；

（3）研究系统的可靠性和进行运行期间的资源预测；

（4）在控制、验收测试时和飞行试验前进行系统调试和测试。

5.5.1　复杂动力学系统半实物建模的模块化方法

为了减少实际设备的工作量，提高半实物建模的准确性和可靠性，可以改变建模方案，借助数学模型将重心转移到研究领域，这种方法是模块化建模的基础。模块化建模涉及从原始复杂系统到基本系统建模的过渡，这些基本系统的特性共同反映了原始系统的特性，也就是说，所研究的复杂系统的本质是一组模块的集合。使用数学模型，根据半实物和实物试验数据进行建模，以此可以评估模块和系统的特性。

模块化建模的步骤如下：

（1）将所研究的系统分解为实际的模块。

系统可以表示为一组独立的原型，它们是独立的真实模块，而不是通过软件部分仿真的。

（2）在创建系统的所有阶段进行模块识别，为此要从外部模拟器发送测试信号。

（3）将软件模块组装到系统中后，评估整个系统的属性。

在软件模块中细化实际模块的模型，直到获得适当的系统模型。通过调整系统或子系统模型的软件部分来改进系统参数。

为了使用模块化的方法计算系统的参数，需要执行几个周期的数学模型建模。这里考虑最常用的建模方法，所研究的系统通常是非线性的，不遵循叠加原理，因此选择测试信号的类型非常重要。

作为一项通用测试，N. Wiener 建议使用布朗运动方法，因此所谓的维纳过程是一个布朗运动的数学模型，这种处理是一个普通的测试。因此，为了对系统进行准确的描述，没必要分析由系统的输出信号引起的所有可能的影响。N. Wiener 还提出使用白噪声方法，这是布朗运动的广义导数。

如果系统是静止的，且存储空间有限，那么可以使用白噪声方法。如果系统的属性在某个时间上的变化明显超过了时间常数，则说明该方法是有效的。

为了能够成功进行建模，必须获得真实对象的同等模型（主要是非线性），并以最小的先验信息描述这些对象的性质，这些模型最好以正交 Wiener 函数的形式构建。维纳核心集合完全描述了系统，即根据计算出的维纳核心集可以预测系统对任何信号的响应。为了确定维纳核心集，还需要得到白噪声的强度，这是因为 Wiener 函数从第二级开始，以及内核本身明显依赖强度参数。

5.5.2　飞行器模拟机

自 1940 年起，苏联就开始系统地使用模拟机，简单有效的模拟机被用于地面驾驶训练和空战射击训练。1940 年，Link ANT – 18 教练机曾被用来训练军事飞行员。

航空人员的专业培训在难度不同的模拟机中进行，这不仅能节省金钱和时间，比在真正的飞机上操作更安全高效，还能使航空人员获得必要的基本技能，学会在紧急情况下制定复杂的行动计划并进行改正的方法。由于可以在紧急和危险的情况下多次重复，这种专业培训可以使航空人员行动形成惯性，进而使他们既不会因为错误操作在实际飞行过程中遇到风险，又能学习如何防止危险情况继续发展。

根据全球航空事故统计数据，大约 80% 的事故是由人为因素，即机组人员的错误操作引起的。因为当航空系统运行情况出现异常，或者天气恶劣导致飞行条件复杂，或者出现其他任何不利因素时，机组人员都毫无准备。因此，飞行器运动和航空电子设备的数学模型，是提供正确驾驶技能培训的模拟器最重要的组成部分之一。数学模型与现实对象越相符，训练越有效。

在创建飞行器数学模型时，通常使用在风洞中吹制模型的数据结果，根据飞行器的飞行试验数据调整数学模型，并添加紧急情况下飞行器的飞行信息，而航空电子设备模型则建立在半实物仿真飞行试验数据结果的基础上。在数学模型的最后测试阶段，检测其是否符合飞行器模拟器认证标准的要求，以使它们在飞行的任何阶段或任何预期操作条件下都能使用。

在模拟机上训练机组人员，充分模拟飞行器的实际飞行过程，提供高度专业技能，不仅可以教导机组人员如何在异常情况下行动，而且可以防止他们陷入异常情况，这无疑能够提高飞机的安全水平。

表 5 - 2 所示为国际航空运输协会（IATA）飞行器模拟机的基本功能。飞行器模拟机（IATA 版本）具有以下基本功能：

（1）设置系统状态和外部条件以构建学习场景；

（2）冻结；

（3）即时改变飞行器的位置（重新定位）；

（4）模拟飞行器子系统故障；

（5）学习任务优化和系统服务。

表 5 - 2　飞行器模拟机的基本功能（IATA 版本）

序号	功能	效果
1	冻结飞行	纬度、经度、空速、航向和高度不变
2	冻结位置	纬度和经度不变，其他参数为动态
3	冻结飞行高度	飞行高度不变
4	冻结燃油	燃油量不变
5	调整位置	可能改变经、纬度
6	调整经纬度	在允许范围内改变经、纬度
7	调整高度	在允许范围内改变飞行高度
8	调整速度	在允许范围内改变飞行速度

续表

序号	功能	效果
9	调整航向	在允许范围内调整航向
10	拍摄快照（模拟训练器系统）	将所有参数保存为常量，以在拍摄快照时记录必要的模拟器状态
11	模拟器状态快照保存	将必需的参数传输到模拟器，以恢复拍摄快照时的状态
12	N 倍加速	导致位置、飞行高度和燃油量的变化率变化，并且该变化率以 N 倍数匀速递增
13	零燃油	设置空中或地面上的零燃油质量
14	固定燃油质量	导致空中和地面上燃油质量变化
15	设置压力和温度	导致舱窗外地平面或海平面或空气温度或压力变化
16	设置风向和风速	设置相对于地球的风向和风速
17	重新定位飞行器（即时移动）	导致纬度和经度的瞬时变化，包括航向、飞行高度、空速、迎角、牵引力、倾斜角和配置变化的任意组合，保持平稳飞行，冻结飞行时停止

5.5.3 飞行/程序模拟器

图 5 - 23 所示为 2014 年俄罗斯国际航空公司飞行/程序模拟器 PT MC - 21。图 5 - 24 所示为其驾驶舱。

图 5 - 23 2014 年俄罗斯国际航空公司飞行/程序模拟器 PT MC - 21

图 5 - 24　2014 年俄罗斯国际航空公司飞行/程序模拟器 PT MC - 21 的驾驶舱

该模拟器设备采用了国内外最先进的研究发明，配备的是穆格公司的电动移动系统和罗克韦尔柯林斯公司的 EP - 8000 可视化系统。

|5.6　多种级别的飞行模拟器 |

飞行模拟器配备了许多高科技设备，它们可以模拟飞行，所以用于合成视觉环境的高速三维系统可通过舷窗 180°观察环境。由于内置移动系统产生的加速效果，飞行路线的加速和变化是可以被感觉到的。在训练中，航空人员的空间位置需要指导员远程控制，指导员的工作点直接与模拟器相连，可创建训练情景、管理飞行过程、编辑练习等。

目前，在飞行模拟器中最广泛使用的是程序模拟器，它用来模拟特定的情境（通常是紧急情况和异常情况），航空人员可以在其中作出必要的反应。为此还应配备一支专家团队，以便在不同的情况下采取合适的态度并作出明智的决定。

程序模拟器以某种形式模拟实际设备的仪表板和其他控件。在程序模拟器上最多可以执行飞机上 70%的操作，航空人员既可以学习基础驾驶技能，又能学习执行更复杂的任务。首要训练计划包括飞行前准备、启动发动机、滑行、起飞、爬升、下降、着陆等练习；更复杂的训练计划包括仪表操作，视觉定向，夏季/冬季、白天/夜晚的飞行。程序模拟器还可以帮助练习团体飞行，从而提高一个或多个机组成员之间的交互技巧。

莫斯科鲍曼国立技术大学"航空电子"工程中心模拟器试验台 MSKBO 的结构如图 5 - 25 所示。试验台 MSKBO 包含以下功能部分：

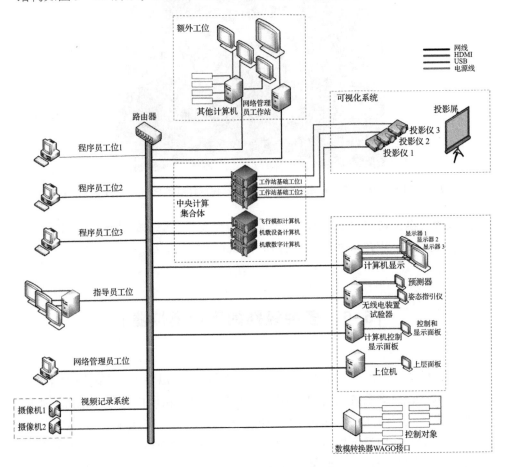

图 5 - 25 试验台 MSKBO 的结构

（1）工作站基础工位 - 直升机驾驶舱布局；

（2）中央计算集合体；

（3）指导员工位；

（4）额位工位；

（5）程序员和网络管理员工位；

（6）可视化系统；

（7）视频记录系统。

试验台 MSKBO 的所有计算机都集成到一个本地公共网络中，它们的交互是通过以太网接口完成的。每台计算机的网络 IP 地址都在机载设备多功能试验台的网络拓扑中。

下面主要介绍中央计算机和主要工作站。

（1）中央计算机：中央计算机是试验台 MSKBO 的关键部分，它保证飞行器、机载设备和机载计算机的建模过程以及驾驶舱环境的可视化。

（2）主要工作站：试验台 MSKBO 驾驶舱是根据 Mi－8 直升机驾驶舱的布局创建的，其中包括直升机驾驶舱本身、常规控制部件（常用踏板手柄、踏板）、机组人员座椅和机械布线元件。直升机驾驶舱模型还配备了控制模拟器（包括飞行器发动机控制臂、侧面飞行器控制杆和前起落架、拨动开关和按钮、内置特技飞行复合体和无线电罗盘控制面板）、机电式飞行仪表和多液晶可编程模拟器机舱信息和控制区域的显示器。在平面触摸监控器的基础上，控件的冗余性和 IUP 元件的可编程性保证能够模拟各种类型飞行器的驾驶舱。

为了在模拟的飞行器机舱空间后面创建视觉环境，该模拟器使用了短焦点 Optoma EH200ST 投影仪。在莫斯科鲍曼国立技术大学"航空电子"工程中心创建的多功能研究模拟器驾驶舱，使用模块化方案进行半实物仿真实验，其中包括一些模块，如所研究过程的数学模型。

建模复合体中使用的数学模型，是基于物理定律获得的先验模型以及在半仿真飞行实验过程中获得的模型，是主要过程和系统的动态模型。这些模型没有考虑所研究过程的某些特征，尤其是建模系统的误差。

在莫斯科鲍曼国立技术大学"航空电子"工程中心飞行器驾驶舱模拟器的建模复合体中，使用了先验模型和使用自组织算法获得的模型。自组织算法非常准确，但为了进一步提高构造模型的准确性，仍有必要改进此算法。

所建立的模型库可以作为数据库，用于飞行器驾驶舱模拟器的算法支持，模拟单独系统操作。

通常用于飞行器驾驶舱模拟器建模复合体的是主要过程的动态模型，例如 INS 操作模式，而所使用系统的误差没有建模，也没有被考虑在内。

莫斯科鲍曼国立技术大学"航空电子"工程中心的飞行器驾驶舱模拟器是一个研究型模拟器。因此，为了更详细地研究各种模式下飞行器系统的运行特性，建议对系统进行详细研究，并考虑其固有误差，建立更准确的模型。

飞行器驾驶舱模拟器基于半仿真建模复合体，用于研究活动。所呈现的建模复合体功能图包含一些模块，其中包括过程数学模型，这些模块反映了：

（1）飞行器动力学；

（2）模拟飞行区域的下表面；

（3）飞行器运行时改变中的外部条件；

（4）飞行器航空电子设备的运行过程。

在飞行器飞行期间，有必要以尽可能高的精度以及在时间限制条件下进行模型的识别或构建，这是一项复杂且昂贵的任务。因此，建议使用半仿真建模方法并开发算法来构建准确且足够详细的数学模型。

基于以上分析，需要选择一种形成建模复合体算法支持的模块化方法。另外，作为改进复合结构中建模模块的示例，可以引用飞行器导航复合体模型。

飞行器驾驶舱模拟器中使用的导航复合体的数学模型反映了 INS 动态和 GLONASS 信号的变化。为了创建更精确的数学模型模拟飞行器导航参数的变化，有必要考虑导航系统的误差，即另外形成一个模块，该模块包括 INS 误差以及来自 GLONASS 的校正的数学模型。

5.7　改进后飞行器驾驶舱模拟器的模拟任务

复合体模型允许为半仿真建模的每个模块选择模型。在选择模型时，通过使用算法中可识别性的原始数值准则，构建出模拟器测量系统的高精度非线性误差模型，从而可以挑选出能够增强模型矩阵参数可识别性特征的备选模型。

所开发的自组织算法用于模型复合体的模块，且在所研究系统的不同工作条件下构建模型。

根据自变数分类统计法，利用在选择标准集合中的模型参数可识别性的数值标准，进行算法的修改。通过开发算法，可以构建质量更好的研究过程模型。由于为下一阶段选择了参数更精确的模型，因此实现了模型质量的提高。

所开发的算法用于建立数学模型，以模拟飞行器各种飞行模式下所研究系统的特征。所获得模型的整体是一个数据库，该数据库用于飞行器驾驶舱模拟器的算法支持，以模拟单独系统的操作。在飞行器驾驶舱模拟器的算法支持中，模型库形成单独的模块，并用于飞行器驾驶舱模拟器的模块化半仿真模型复合体。

作为示例，已经研究了 INS 误差的改变过程。使用开发算法，构建了 INS 各种基础模式下的误差模型，所获得的模型整体（分组为一组模型）用作误差建模模块的附加元素。改进后的 INS 模块的功能如图 5 – 26 所示。

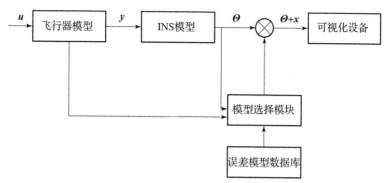

图 5 – 26　改进后的 INS 模块的功能

图 5 – 26 中的符号定义分别为：u 是控制矢量；y 是状态矢量，包括模拟飞行器的参数；Θ 表示输出信号；x 是系统误差矢量。INS 误差模型数据库包含改进后的自组织算法构建的模型。当基于来自飞行器模型和 INS 模型的信息模拟新的飞行模式时，选择与模拟模式对应的 INS 误差模型。精确的信号到达仪表板和模型复合体的电路中，这是实际信息和误差的混合。

实际导航系统的半仿真实验用来提高飞行器驾驶舱模拟器的模型复合体的精度。沃尔泰拉神经网络的识别过程，以及具有参数可识别性标准的自变数分类统计法正在研究中。

形成模型数据库的方案如图 5 – 27 所示。

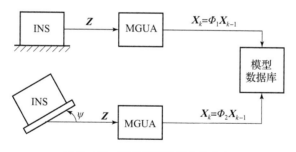

图 5 – 27　形成模型数据库的方案

|5.8　实验研究|

图 5 – 28 所示为用于提高飞行器驾驶舱模拟器精度的实际导航系统的半自然实验结果（设备 AIST – 360 的结构）。

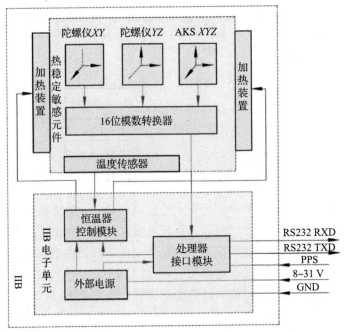

图 5 − 28　设备 AIST − 360 的结构

　　基于测量样本建立模型。使用所获得的经典自变数分类统计法模型，计算 GPS 和 INS 偏差角的结果。该误差模型用于在飞行器驾驶舱模拟器模型复合体中形成模型数据库。

　　实验基地由两个半仿真建模设备组成：AIST − 360、CompaNav − 2。

　　设备 AIST − 360 用于确定（产品）物体在相关坐标系中的角速度和线性加速度的投影，并以数字形式向用户提供信息。通电后，设备 AIST − 360 立即开始工作，即恒温控制回路开启，处理器接口模块开始发出数据。

　　设备 CompNav − 2 为飞行器小型组合导航系统（MINS），其结构如图 5 − 29 所示。它使用原始算法将 GPS/GLONASS 数据与 INS 的测量结合，系统以数字形式提供：

　　（1）位置和高程参数；

　　（2）方向角；

　　（3）飞行器速度、空速、垂直速度；

　　（4）角速度和加速度。

　　设备 CompAnn − 2 结合了以下系统的属性：

　　（1）INS − GPS/GLONASS；

　　（2）课程指标；

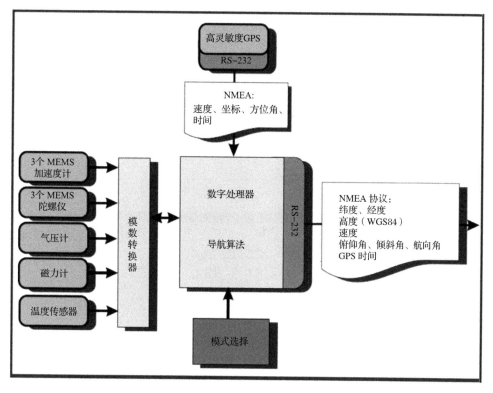

图 5 – 29　设备 CompaNav – 2 的结构

（3）磁罗盘；

（4）AGD；

（5）垂直速度传感器；

（6）空速传感器；

（7）Barrovysomer；

（8）速度传感器；

（9）过载传感器；

（10）滑动传感器。

两个展位都有 PC 连接接口，并且用户界面允许捕获和分析数据。对于设备 CompaNav – 2，开发了一个带有直观菜单的友好窗口界面，设备 AIST – 360 为输出窗口（"控制台"）提供数据。

另外，所有捕获的数据都记录在一个文本文件中，这样就可以在断开试验台后处理获得的数据。

数据是一个表，它的行包含在特定时间点要删除的所有参数，它的列反映了任何值随时间的变化。

AIST – 360 应用程序界面如图 5 – 30 所示，CompaNav – 2 应用程序界面如图 5 – 31 所示。

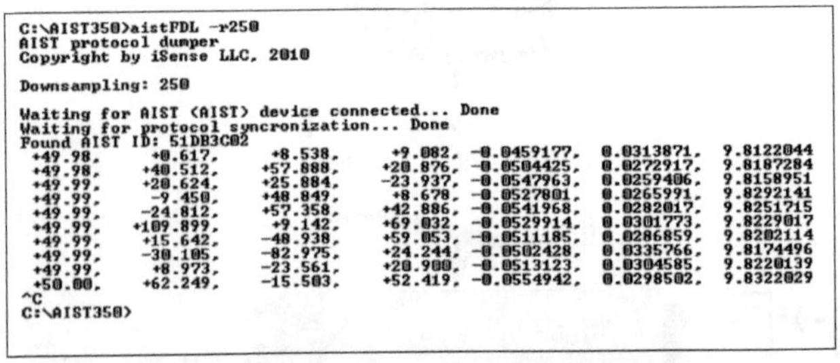

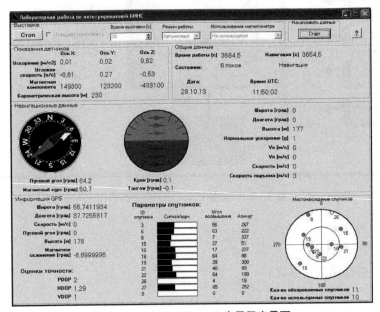

图 5 – 30 AIST – 360 应用程序界面

图 5 – 31 CompaNav – 2 应用程序界面

参 考 文 献

[1] Агеев В. М. , Павлова Н. В. Приборные комплексы летательных аппаратов и их проектирование. −М. : Машиностроение, 1990.

[2] Демидов В. П. , Кутыев Н. Ш. Управление зенитными ракетами. − М. : Военное издательство, 1989.

[3] Жаков А. М. Управление баллистическими ракетами и космическими объектами. −М. :Военное издательство министерства обороны СССР, 1974.

[4] Ивахненко А. Г. , Мюллер Й. Я. Самоорганизация прогнозирующих моделей −Киев, Техника, 1985.

[5] Ким Д. П. Методы поиска и преследования подвижных объектов. − М. : Наука, 1989.

[6] Козлов В. И. Системы автоматического управления летательными аппаратами. −М. : Машиностроение, 1979.

[7] Кринецкий Е. И. Системы самонаведения. −М. : Машиностроение, 1970.

[8] Кузовков Н. Т. , Карабанов С. В. , Салычев О. С. Непрерывные и дискретные системы управления и методы идентификации. −М. : Машиностроение, 1978.

[9] Латухин А. Н. Боевые управляемые ракеты. −М. : Воениздат, 1968.

[10] Лебедев А. А. , Чернобровкин Л. С. Динамика полета. −М. : Машиностроение, 1973.

[11] Ли Э. Б. , Маркус Л. Основы теории оптимального управления: Пер. с англ. / Под ред. Я. Н. Ройтенберга. −М. : Наука, 1972.

[12] Локк А. С. Управление снарядами. −М. : Государственное издательство технико − теоретической литературы, 1957.

[13] Лукашин Ю. П. Адаптивные методы краткосрочно прогнозирования. −М. : Статистика, 1979.

[14] Максимов М. В. , Горгонов Г. И. Радиоэлектронные системы самонаведения. −М. : Радио и связь, 1982.

［15］Неусыпин А. К. Гироскопические приводы. ‒М. : Машиностроение, 1978.

［16］Неусыпин К. А. Синтез интеллектуального измерительного комплекса. Изд. 2 – е дополненное. ‒М. : Сигнал МПУ, 1998.

［17］Туманов А. В. , Зуев А. Г. , Суханов Э. Д. Методы телеуправления и самонаведения в системах управления крылатыми ракетами. Учебное пособие. ‒М. : Изд. МГТУ, 2008.

［18］Четыркин Е. М. Статистические методы прогнозирования. ‒М: Статистика, 1975.

［19］Shen K. , Xia Y. , Wang M. , Neusypin K. A. , Proletarsky A. V. Quantifying observability and analysis in integrated navigation // Navigation, Journal of the Institute of Navigation. 2018. Т. 65. № 2. С. 169 – 181.

［20］Proletarsky A. V. , Neusypin K. A. , Shen K. , Selezneva M. S. , Grout V. Development and analysis of the numerical criterion for the degree of observability of state variables in nonlinear systems // В сборнике: 2017 Internet Technologies and Applications, ITA 201 7 – Proceedings of the 7th International Conference. 7. 2017. С. 150 – 154.

［21］М. С. Селезнева, шэнь Кай, К. А. Неусыпин, А. В. Пролетарский. Алгоритмы обработки иформации навигационных мсистем и комплексов летательных аппаратов. ‒М. : Издательство МГТУ им. Н. Э. Баумана, 2018.

［22］Пролетарский А. В. , Чжан Л. , Селезнева М. С. , Неусыпин К. А . Способы использования критерия степени наблюдаемости переменных состояния в федеративном фильтре Калмана // Приборы и системы. Управление, контроль, диагностика. 20 18. № 8. С. 9 – 18.

［23］Клычников В. В. , Селезнева М. С. , Неусыпин К. А. , Пролетарский А. В. Использование федерального фильтра Калмана для коррекции навигационных систем летательных аппаратов // Автоматизация. Современные технологии. 2018. Т. 72. № 9. С. 428 – 432.

［24］Shen K. , Selezneva M. S. , N eusypin K. A. , Proletarsky A. V. Novel variable structure measurement system with intelligent components for flight vehicles // Metrology and Measurement Systems. 2017. Т. 24. № 2. С. 347 – 356.

［25］Selezneva M. S. , Neusypin K. A. Development of a measurement complex with intelligent component // Measurement Techniques. 2016. Т. 59. № 9. С. 916 – 922.